O TEMPO DAS REDES

Coleção Big Bang
Dirigida por Gita K. Guinsburg

Edição de texto: Marcio Honorio de Godoy
Revisão de provas: Lilian Miyoko Kumai
Capa e projeto gráfico: Sergio Kon
Produção: Ricardo Neves e Sergio Kon

O TEMPO DAS REDES

FÁBIO DUARTE
CARLOS QUANDT
QUEILA SOUZA
organização

Dados Internacionais
de Catalogação na Publicação (CIP)
(Câmara Brasileira do Livro, SP, Brasil)

O Tempo das redes / Fábio Duarte, Carlos Quandt, Queila Souza, organização. – São Paulo : Perspectiva, 2017. – (Big Bang)

1. reimpr. da 1. ed. de 2008
ISBN 978-85-273-0811-3

1. Análise de redes (Planejamento) 2. Ciência – Filosofia 3. Interdisciplinaridade e conhecimento 4. Redes (Associações, instituições etc.) I. Duarte, Fábio. II. Quandt, Carlos. III. Souza, Queila. IV. Série.

07-10295 CDD-501

Índices para catálogo sistemático:

1. Redes : Filosofia da ciência 501

1ª ed. - 1 reimpr.

[PPD]

EDITORA PERSPECTIVA LTDA.

Av. Brigadeiro Luís Antônio, 3025
01401-000 São Paulo SP Brasil
Telefax: (011) 3885-8388
www.editoraperspectiva.com.br

2019

sumário

introdução

Dois ou mais computadores ligados entre si, compartilhando dados e trocando mensagens e opiniões, constituem o exemplo mais óbvio de uma rede. Na esfera deste conceito, no entanto, como diz Fritjof Capra, é possível incluir aí toda a natureza orgânica e inorgânica, desde as redes virais até os fenômenos interestelares, para não mencionar as redes de relacionamento, as redes terroristas, as redes públicas e as de todos os tipos de conhecimento. Na verdade, esse aspecto "quase ecológico" de "trocas metabólicas" entre os seres animados e/ou inanimados, leva-nos a conceber todo o espaço recoberto por uma estrutura de fios tramados e presos por articulações móveis que formam verdadeiras teias.

O mais surpreendente é que, a partir dessa teia, é possível derivar outras redes que definem subespaços cujas interfaces criam ramos do conhecimento que descortinam novos domínios de pesquisa, com uma denominação não tão nova assim,

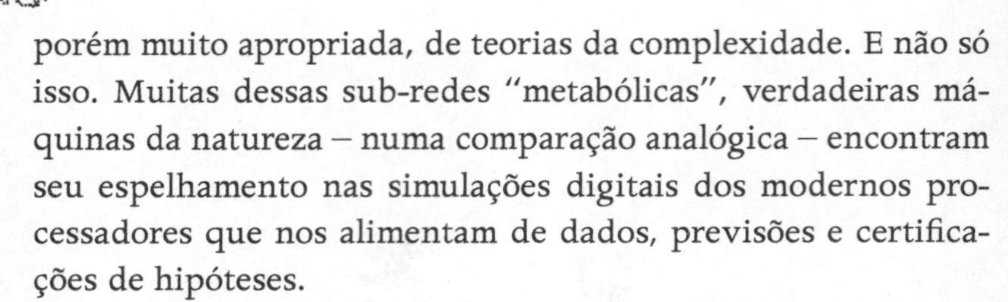

porém muito apropriada, de teorias da complexidade. E não só isso. Muitas dessas sub-redes "metabólicas", verdadeiras máquinas da natureza – numa comparação analógica – encontram seu espelhamento nas simulações digitais dos modernos processadores que nos alimentam de dados, previsões e certificações de hipóteses.

Também é certo que, nós, os habitantes desse espaço, localizados no planeta Terra, hoje tão globalizado, mas não tão "azul", não podemos evitar nesse tempo das redes o impacto de outra variável, a rede do Tempo, que define a efemeridade de cada um de nós e de todas as espécies vivas, tanto mais que ela mudou a "duração" desta temporalidade: a notícia, inclusive a imagem em tempo real e a pressão para a resposta imediata são alguns desses dados. Porém, a quase infinidade das informações possíveis de serem acessadas e processadas retirou também os "sábios" de suas torres de marfim, tão mais estratosféricas do que as do computador. E se tanto não bastasse, a simples presença de dois computadores interligados e operando mudou igualmente a cultura manuscrita do nosso universo, mudou nossa "cabeça", criou uma linguagem quase criptográfica pelos padrões antigos e, por assim dizer, de domínio público por seus jovens usuários, desde a mais tenra idade, e cujo dicionário vem tendo um acréscimo vertiginoso de verbetes, proporcional ao avanço tecnológico.

Não obstante, o poder mágico de outra rede, tão provecta na função comunicativa e materializada na relação livro-leitor, não ficou obsoleto, nem desapareceu. Assim, a leitura de *O Tempo das Redes* - organizado por Fábio Duarte, Carlos Quandt e Queila Souza neste volume da coleção Big-Bang – nos leva a navegar por *links* de vários tipos, nos faz compreender suas diversas estruturas, sua importância nos ambientes virtuais e nas organizações sociais, políticas, econômicas e culturais, por efeito

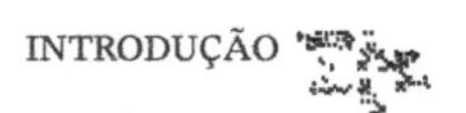

da efetiva revolução comunicacional desencadeada, para o bem ou para o mal, pelos nós articulados dessa tessitura em rede.

E, precisamente no prodigioso universo assim gerado pela tecnologia das redes, volta a saltar à vista quão mais admirável ainda é o poder de criação da rede neural e metabólica do nosso cérebro, que conseguiu, a partir de Touring e das descobertas científicas do século XX, criar seu prolongamento no espaço e no tempo – uma máquina – uma estrutura inorgânica de armazenamento e produção de conhecimento que levará às gerações vindouras todo um poderoso acervo cujo conteúdo é incontinente na limitação do tempo humano. Admirável ainda será, pelo menos agora em nosso imaginário, essa máquina alimentar-se a si própria, se não "pifar" e, mais incrível ainda, serão os resultados de uma rede de processadores com cientistas em seus terminais, ligados em rede a outros, no Colidor de Hadrons do CERN, buscando recriar o Big-Bang e redescobrir, talvez, os mistérios de nosso início e de nossa própria existência.

[Gita K. Guinsburg]

> Há várias semelhanças entre as ONGs e a Al Qaeda. Ambas formam redes abertas muito pouco centralizadas, não têm sede fixa e usam tecnologias modernas para divulgar sua mensagem.
> [ANTHONY GIDDENS]

> Um dos *insights* mais importantes para a nova compreensão da vida é que a rede é um padrão comum para qualquer tipo de vida.
> [FRITJOF CAPRA]

O paradigma das redes tem sido evocado como explicação estrutural para muitos dos fenômenos comunicacionais, políticos, organizacionais e sociais de nosso tempo. Entretanto, uma caracterização tipológica e morfológica das redes tem permanecido em aberto na maioria dos trabalhos a respeito.

A importância de uma compreensão mais profunda a respeito das vantagens e desvantagens das estruturas reticulares encontra suporte na suposição, bastante provável, de que grande parte das estruturas cognitivas, infra-estruturais e sociais, em um futuro próximo, funcionará sob a forma de redes, ou estarão sob sua influência direta.

O objetivo deste livro é disponibilizar, em língua portuguesa, uma coletânea de textos selecionados em diversas áreas do conhecimento onde são encontradas teorias e aplicações fundamentadas no conceito de REDE. Valendo-se da própria propriedade articuladora das redes, propomos textos interdisciplinares que passam por redes organizacionais, redes terroristas, o ataque de vírus em redes biológicas ou informacionais, redes na história, redes urbanas, redes como estratégia de inovação, redes e governança, redes e arte tecnológica.

Os autores convidados são referências internacionais nas suas áreas de atuação e vários dos textos são escritos por pesquisadores de diferentes países, da França à Coréia do Sul, dos Estados Unidos ao Chile.

Justifica-se a importância da publicação pela relevância crescente do tema nas mais diversas áreas do conhecimento, pelo ineditismo de estudos sobre redes no Brasil e pelas características multidisciplinar e internacional da autoria dos textos.

Pressupostos Conceituais

O paradigma das redes afeta os INDIVÍDUOS

É cada vez mais fácil conectar pessoas em diferentes continentes por meio eletrônico ou digital, fenômeno praticamente impensável há apenas algumas décadas.

O surgimento das redes de computadores foi uma conquista tão importante para a humanidade como o controle sobre o fogo, acredita o francês Pierre Lévy. Ele compara o movimento em direção a uma superinteligência humana com o cérebro humano, capaz de fazer infinitas conexões que se intensificam à medida que envelhecemos. Graças ao computador, é possível agora integrar essa "constelação de neurônios" com a de milhões de outras pessoas. Através da internet e outros meios de comunicação atualmente em desenvolvimento, será possível dar início a uma grande revolução humana.

O paradigma das redes afeta as ORGANIZAÇÕES

Grandes empresas já perceberam a importância das redes na gestão dos fluxos de informação e na geração de novos conhecimentos. Consultores especializados em análise de redes sociais oferecem serviços de mapeamento e mensuração dos relacionamentos entre pessoas, grupos, organizações, ou qualquer outro meio no qual informações e conhecimentos são processados.
O mapeamento de uma rede social intra-organizacional permite, entre outras análises, a visualização e identificação de grupos de trabalho, divisões internas, contatos primários externos e atores centrais nos fluxos de informação.

O paradigma das redes afeta a SOCIEDADE

De acordo com Steven Strogatz, professor de matemática aplicada em Cornell e autor de *Sybc: the emerging science of spontaneous order*, o grande apagão americano de 2003 pode ser comparado a uma grande reação alérgica ou a um choque anafilático.

A comparação com a biologia não acontece por acaso, afinal, o efeito em "rede" apresenta manifestações em diversas áreas

da vida contemporânea. Nesse caso, cada subestação desligou-se do sistema ao perceber a sobrecarga de energia, causando o efeito em cascata, ao contrário do que acontece no corpo humano, em que a resposta sistêmica permite que ocorra uma reação inteligente, na maioria das vezes.

Gostaríamos de agradecer aos autores e periódicos científicos onde alguns desses textos foram originalmente publicados. Também agradecemos ao CNPq, que apóia algumas de nossas pesquisas sobre o paradigma das redes e questões contemporâneas, especialmente os projetos Redes Interorganizacionais no Processo de Inovação em Arranjos Produtivos Locais, coordenado por Carlos Quandt, e A Cidade Infiltrada: tecnologia e espacialidades urbanas, por Fábio Duarte, ambos sediados na Pontifícia Universidade Católica do Paraná, em Curitiba.

Para nós, é um privilégio veicular esse livro pela editora Perspectiva, que, desde o início, apoiou o projeto.

[Organizadores]

Nos últimos anos, as redes se tornaram um dos principais focos de atenção em ciências, negócios e na sociedade em geral, devido a uma cultura global emergente. Em pouco tempo, a internet tornou-se uma poderosa rede de comunicação global, e muitas das novas empresas de internet atuam como interface entre redes de consumidores e fornecedores. Atualmente, a maioria das grandes empresas está organizada em redes descentralizadas de pequenas unidades, conectadas a redes de pequenos e médios negócios que servem como subcontratados ou fornecedores, e redes similares existem entre organizações sem fins lucrativos e organizações não governamentais. De fato, por muito tempo, "construir redes" tem sido uma das principais atividades de organizações políticas de base. O movimento ambientalista, o movimento para os direitos humanos, o movimento feminista, o movimento pela paz, e vários outros movimentos de base política e cultural têm se organizado como redes que ultrapassam fronteiras nacionais.

Com as novas tecnologias de informação e comunicação, as redes se tornaram um dos fenômenos sociais mais proeminentes de nossa era. O sociólogo Manuel Castells[1] argumenta que a revolução da tecnologia de informação deu origem à nova economia, estruturada sobre fluxos de informação, poder e riqueza em redes financeiras globais. Castells também observa que, em toda a sociedade, "construir redes" emergiu como uma nova forma de organização das atividades humanas, e ele cunhou o termo "sociedade em rede" para descrever e analisar essa nova estrutura social.

Em ciência, o foco nas redes começou nos anos de 1920, quando ecologistas viram os ecossistemas como comunidades de organismos ligadas em forma de rede através de relações de alimentação, e usaram o conceito de cadeias alimentares para descrever essas comunidades ecológicas. Como o conceito de rede tornou-se cada vez mais proeminente em ecologia, pensadores sistêmicos começaram a usar modelos de redes em todos os níveis dos sistemas, vendo organismos como redes de células, e células como redes de moléculas, assim como ecossistemas são entendidos como redes de organismos individuais. De modo correspondente, os fluxos de material e energia através de ecossistemas são vistos como a continuação de trajetos metabólicos através de organismos.

A Teia da Vida[2] é, claro, uma idéia antiga, usada por poetas, filósofos e místicos, ao longo da história, para abranger o sentido que queriam dar ao entrelaçamento e interdependência de todos os fenômenos. Neste ensaio, discutirei o papel fundamental das redes na organização de todos os sistemas vivos, de acordo com a teoria da complexidade e outros desenvolvimentos recentes nas ciências naturais e sociais, e analisarei, de

1 *The Rise of the Network Society.*
2 F. Capra, *The Web of Life.*

modo mais detalhado, as similaridades e diferenças entre redes biológicas e sociais.

A Natureza da Vida

Comecemos com biologia e perguntemos: qual é a natureza essencial da vida no reino das plantas, dos animais e dos microorganismos? Para entender a natureza da vida, não basta entender DNA, genes, proteínas e outras estruturas moleculares que são os blocos constitutivos dos organismos vivos, porque essas estruturas também existem em organismos mortos, como, por exemplo, em um pedaço morto de madeira ou osso. A diferença entre um organismo morto e um organismo vivo está no processo básico da vida – naquilo que sábios e poetas por eras chamaram de o "sopro da vida". Em linguagem científica moderna, esse processo da vida é chamado metabolismo. É o incessante fluxo de energia e matéria através de uma rede de reações químicas que permitem a um organismo vivo gerar, reparar e perpetuar-se continuamente.

Há dois aspectos básicos que ajudam a entender o metabolismo. O primeiro aspecto é o contínuo fluxo de energia e matéria. Todos os sistemas vivos precisam de energia e alimento para seu sustento; e todos eles produzem lixo. Mas a vida evoluiu de tal modo que os organismos formam comunidades ecológicas, ou ecossistemas, nas quais o lixo de uma espécie é o alimento da seguinte, de maneira que a matéria circula continuamente pelas cadeias alimentares dos ecossistemas.

O segundo aspecto do metabolismo é a rede de reações químicas que processa o alimento e forma a base bioquímica de todas as estruturas, funções e comportamentos biológicos. A ênfase aqui é na "rede". Um dos principais *insights* do novo entendimento da vida que está emergindo nas fronteiras avançadas das ciências é o reconhecimento de que a rede é um padrão comum para todo tipo de vida. Onde quer que haja vida, vemos redes.

Autogeração

É importante perceber que essas redes vivas não são estruturas materiais, como uma rede de pesca ou uma teia de aranha. São redes funcionais, redes de relacionamentos entre vários processos. Na célula, esses processos são reações químicas entre moléculas celulares. Na cadeia alimentar, os processos são os de alimentação, de organismos comendo uns os outros. Nos dois casos, a rede é um padrão não-material de relações.

Um exame mais aprofundado dessas redes vivas mostrou que sua característica-chave é a autogeneração. Na célula, por exemplo, todas as estruturas biológicas – as proteínas, enzimas, o DNA, a membrana celular etc. – são produzidas, reparadas e regeneradas continuamente pela rede celular[3]. De modo similar, no nível do organismo multicelular, as células são continuamente regeneradas e recicladas pela rede metabólica do organismo. Redes vivas são autogenerativas. Elas criam-se e recriam-se continuamente, transformando-se ou substituindo seus componentes. Nesse sentido, elas passam por mudanças estruturais contínuas enquanto preservam seu padrão de organização similar a redes.

3 H. Maturana; F. Varela, *The Tree of Knowledge*.

Limites da Identidade

Todos os organismos vivos têm um limite físico que discrimina o sistema – o "ser" e seu ambiente. Células, por exemplo, estão encerradas por membranas e, animais vertebrados, por peles. Várias células têm também outros limites além de membranas, tais como paredes celulares rígidas ou cápsulas, mas apenas as membranas são uma característica universal da vida celular. Desde o início, a vida na Terra está associada à água. Bactérias se movem na água e o metabolismo no interior de suas membranas se dá em um ambiente aquoso. Em tal ambiente fluido, uma célula jamais poderia persistir como entidade distinta sem uma barreira física contra a livre difusão. A existência de membranas é, assim, uma condição essencial para a vida celular[4].

Uma membrana celular é sempre ativa, abre-se e fecha-se continuamente, mantendo certas substâncias do lado de fora e permitindo a entrada de outras. Em particular, as reações metabólicas das células envolvem uma variedade de íons, e a membrana, por ser semipermeável, controla suas proporções e os mantém em equilíbrio. Outra atividade crítica da membrana é expelir permanentemente excesso de cálcio, de modo que o cálcio remanescente na célula é conservado em um nível preciso, o mínimo necessário para suas funções metabólicas. Todas essas atividades ajudam a manter a rede celular como uma entidade distinta e a protege de influências prejudiciais do entorno. Os limites das redes vivas, então, não são limites de separação, mas limites de identidade.

4 F. Capra, *The Hidden Connections.*

Redes Sociais

O principal objetivo de minha pesquisa, nos últimos dez anos, tem sido estender o conceito sistêmico de vida para o campo social, e em meu livro, *Conexões Ocultas*, eu discuto tal extensão em termos de uma nova estrutura conceitual que integra dimensões da vida biológica, cognitiva e social. Minha estrutura reside na noção de que há uma unidade fundamental para a vida, que diferentes sistemas vivos apresentam padrões similares de organização. Essa noção é apoiada pela observação que a evolução procedeu por bilhões de anos usando sempre os mesmos padrões. Da mesma forma que a vida evolui, esses padrões tendem a se tornar cada vez mais elaborados, mas eles são sempre variações dos mesmos temas básicos.

O padrão da rede, em particular, é um dos muitos padrões básicos de organização em todos os sistemas vivos. Em todos os níveis de vida, os componentes e processos de sistemas vivos estão interligados em forma de redes. Ampliar a concepção sistêmica de vida para o campo social, então, significa aplicar nosso conhecimento dos padrões e princípios básicos de organização da vida, em especial nosso entendimento de redes vivas, para a realidade social.

Contudo, enquanto *insights* na organização de redes biológicas podem ajudar-nos a entender redes sociais, não deveríamos esperar transferir nossa compreensão das estruturas materiais de redes do campo biológico para o campo social. Redes sociais são, antes de tudo, redes de comunicação que envolvem linguagem simbólica, restrições culturais, relações de poder etc. Para entender as estruturas de tais redes, precisamos de subsídios da teoria social, filosofia, ciência cognitiva, antropologia e outras disciplinas. Uma estrutura sistêmica unificada para a compreensão de fenômenos biológicos e sociais emergirá tão somente quando teorias de redes forem combinadas com subsídios desses outros campos de estudo.

Redes sociais, então, não são redes de reações químicas, mas redes de comunicações. Assim como redes biológicas, elas são autogenerativas, mas o que geram é imaterial. Cada comunicação cria pensamentos e significados, os quais dão origem a outras comunicações, e assim toda a rede se regenera[5].

A dimensão do significado é crucial para entender as redes sociais. Mesmo quando geram estruturas materiais – tais como bens materiais, artefatos ou obras de arte –, essas estruturas materiais são muito diferentes daquelas produzidas pelas redes biológicas. Elas são comumente produzidas com um propósito, seguindo determinado *design*, e incorporam determinado sentido.

Enquanto as comunicações continuam nas redes sociais, elas formam ciclos múltiplos de retroalimentação que finalmente produzem um sistema compartilhado de crenças, explicações e valores – um contexto comum de sentido, também conhecido como cultura, que é continuamente apoiada em comunicações seguintes. Por meio dessa cultura, os indivíduos adquirem identidade como membros da rede social e, nesse sentido, a rede gera seu próprio limite. Não é um limite físico, mas um limite de expectativas, de confiança e lealdade, o qual é permanentemente mantido e renegociado pela rede de comunicações.

Cultura, então, emerge da rede de comunicações entre indivíduos e, assim que emerge, produz restrições a suas ações. Em outras palavras, as regras de comportamento que restringem as ações dos indivíduos são produzidas e continuamente

5 N. Luhmann, The Autopoiesis of Social Systems, em N. Luhmann (ed.), *Essays on Self-Reference*; F. Capra, *The Hidden Connections*.

reforçadas pela própria rede de comunicações. A rede social também produz um corpo de conhecimento compartilhado – incluindo informação, idéias e habilidades – que dá forma ao modo singular de vida cultural em complemento a esses valores e crenças. Além disso, os valores e as crenças da cultura também afetam o corpo do conhecimento. Eles constituem parte das lentes através das quais vemos o mundo.

Redes Vivas em Organizações Humanas

Recentemente tornou-se muito popular em círculos de administração o uso de metáforas como "a empresa viva", cujo objetivo é entender uma organização empresarial como um sistema vivo e auto-organizado[6]. É instrutivo, então, aplicar nossa abordagem de rede à análise de organizações humanas.

Como vimos, sistemas sociais vivos são redes de comunicações autogenerativas. Isso significa que uma organização humana será um sistema vivo apenas se for organizada como uma rede ou contiver redes menores dentro de seus limites, e tão somente se essas redes forem autogenerativas. Teóricos organizacionais falam, atualmente, de "comunidades de práticas", quando se referem a essas redes sociais autogenerativas[7]. Em nossas atividades cotidianas, a maioria de nós pertence a várias comunidades de prática – no trabalho, nas escolas, em esportes e lazer ou na vida cívica. Algumas delas podem explicitar nomes e estruturas formais, outras podem ser tão informais que não são sequer identificadas como comunidades. Não impor-

6 A. de Geus, *The Living Company*.
7 E. Wenger, *Communities of Practice*.

ta seu *status*, comunidades de práticas são partes integrais de nossas vidas.

No que se refere às organizações humanas, podemos agora ver que elas têm uma natureza dual. De um lado, são instituições sociais desenhadas com propósitos específicos, tais como produzir lucro para seus acionistas ou administrar a distribuição de poder político. De outro lado, organizações são comunidades de pessoas que interagem umas com as outras para construir relacionamentos, ajudar-se ou dar sentido às suas atividades diárias em um nível pessoal.

Tal natureza dual, como entidades legais e econômicas assim como comunidades de pessoas, deriva do fato de que várias comunidades de práticas invariavelmente surgem e se desenvolvem dentro de estruturas formais de organizações. Estas são redes informais – alianças e amizades, canais informais de comunicação e outras redes de relacionamento – que crescem, mudam e adaptam-se continuamente a novas situações.

Dentro de toda organização há um cluster de comunidades de práticas interconectadas. Quanto mais pessoas estiverem engajadas nessas redes informais, mais desenvolvidas e sofisticadas as redes serão, e mais bem preparada estará a organização para aprender e responder criativamente a novas circunstâncias, transformar-se e se desenvolver. Em outras palavras, a vivacidade das organizações está nas comunidades de práticas.

A fim de maximizar o potencial criativo e as capacidades de aprendizagem de uma companhia, é crucial aos administradores e líderes empresariais entenderem a inter-relação entre a estrutura projetada e formal da organização e suas redes informais e autogenerativas[8]. As estruturas são conjuntos de regras e regulamentos que definem as relações entre pessoas e tarefas, e de-

8 F. Capra, *The Hidden Connections*.

terminam a distribuição de poder. Limites são estabelecidos por acordos contratuais que delineiam subsistemas (departamentos) bem definidos e funções. As estruturas formais são mostradas em documentos oficiais da organização – os quadros organizacionais, *bylaws*, manuais e orçamentos que descrevem as políticas, estratégias e os procedimentos formais da organização.

As estruturas informais, ao contrário, são redes de comunicações fluidas e flutuantes. Essas comunicações incluem formas não-verbais de engajamento mútuo em empreendimentos comuns, troca informal de habilidades e compartilhamento de conhecimento tácito. Essas práticas criam limites flexíveis de sentido que normalmente não são falados. Em toda organização, há um contínuo inter-relacionamento entre suas redes informais e suas estruturas formais. As políticas e os procedimentos formais são sempre filtrados e modificados pelas redes informais, o que lhes permite fazer uso da criatividade quando encontram situações novas e inesperadas. Idealmente, a organização formal reconhecerá e apoiará suas redes informais de relacionamentos e incorporará suas inovações nas estruturas formais da organização.

Redes Biológicas e Sociais

Agora vamos justapor as redes biológicas e sociais e destacar algumas de suas similaridades e diferenças. Sistemas biológicos trocam moléculas em redes de reações químicas; sistemas sociais trocam informações e idéias em redes de comunicação. Assim, redes biológicas operam no reino da matéria, enquanto as redes sociais operam no reino do sentido.

Ambos os tipos de rede produzem estruturas materiais. A rede metabólica de uma célula, por exemplo, produz os componentes estruturais da célula, e isso gera moléculas que são trocadas entre os nós da rede como portadores de energia e informação, ou como catalisadores de processos metabólicos. Redes sociais geram estruturas materiais – edifícios, estradas, tecnologias etc. – que se tornam componentes estruturais da rede; e estes também produzem bens materiais e artefatos que são trocados entre os nós da rede.

Além disso, sistemas sociais produzem estruturas não-materiais. Os processos de comunicação geram regras e comportamentos compartilhados, assim como um corpo de conhecimento compartilhado. As regras comportamentais, formais ou informais são conhecidas como estruturas sociais e são o principal foco das ciências sociais. As idéias, valores, crenças e outras formas de conhecimento geradas pelos sistemas sociais constituem estruturas de sentido, as quais podemos chamar de estruturas semânticas.

Nas sociedades modernas, as estruturas semânticas da cultura são documentadas – ou seja, têm corpo material – em textos escritos e digitais. Tomam corpo também em artefatos, obras de arte e outras estruturas materiais, como o são em culturas de tradição não literária.

De fato, as atividades de indivíduos em redes sociais incluem especialmente a produção organizada de bens materiais. Todas essas estruturas materiais – textos, obras de arte, tecnologias e bens físicos – são criadas tendo um propósito e segundo um determinado projeto. São incorporações de sentido compartilhado gerado pelas redes de comunicações da sociedade.

Por fim, sistemas biológicos e sociais geram igualmente seus próprios limites. Uma célula, por exemplo, produz e

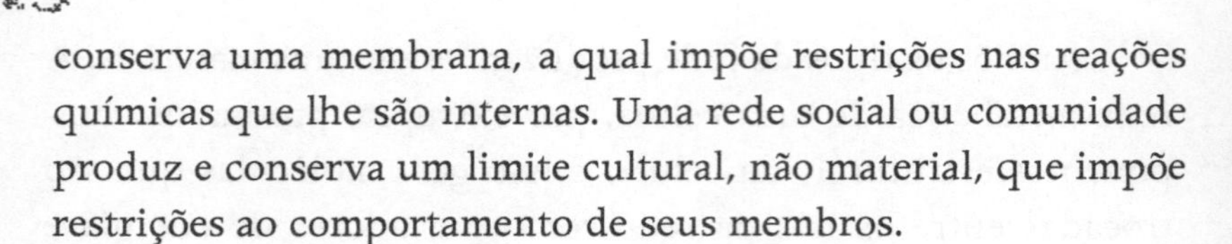

conserva uma membrana, a qual impõe restrições nas reações químicas que lhe são internas. Uma rede social ou comunidade produz e conserva um limite cultural, não material, que impõe restrições ao comportamento de seus membros.

Conclusão

A ampliação da concepção sistêmica de vida para o campo social, discutida neste ensaio, inclui explicitamente o mundo material. Para cientistas sociais, isso pode ser atípico, pois tradicionalmente as ciências sociais não têm se interessado pelo mundo da matéria. Nossas disciplinas acadêmicas têm sido organizadas de tal modo que as ciências naturais tratam de estruturas materiais, enquanto as ciências sociais lidam com estruturas sociais, as quais são entendidas essencialmente como sendo regras de comportamento.

No futuro, essa divisão estrita não mais será possível, porque o principal desafio desse novo século – para cientistas sociais, cientistas naturais e todos os outros – será a construção de comunidades ecologicamente sustentáveis[9]. Uma comunidade sustentável é projetada de tal maneira que suas tecnologias e instituições sociais – suas estruturas materiais e sociais – não interferem na habilidade inerente da natureza de conservar a vida. Em outros termos, os princípios de *design* de nossas instituições sociais do futuro devem ser consistentes com os princípios de organização que a natureza desenvolve para conservar a teia da vida. Uma estrutura conceitual unificada para

9 Idem.

a compreensão de estruturas materiais e sociais, tais como as apresentadas neste ensaio, será essencial nessa tarefa.

Referências Bibliográficas

CAPRA, Fritjof. *The Hidden Connections*. London: HarperCollins, 2002.
______. *The Web of Life*. London: HarperCollins, 1996.
CASTELLS, Manuel. *The Rise of the Network Society*. Oxford: Blackwell, 1996.
GEUS, Arie de. *The Living Company*. Boston: Harvard Business School Press, 1997.
LUHMANN, Niklas. The Autopoiesis of Social Systems. In: ______ (ed). *Essays on Self-Reference*. New York: Columbia University Press, 1990.
MATURANA, Humberto; VARELA, Francisco. *The Tree of Knowledge*. Boston: Shambhala, 1987.
WENGER, Etienne. *Communities of Practice*. Cambridge: Cambridge University Press, 1998.

metodologia de análise de redes sociais

[Queila Souza e Carlos Quandt]

Introdução

A utilização científica da perspectiva das redes para abordagem de fenômenos políticos, sociais e econômicos tem alertado pesquisadores de ciências humanas, sociais e comportamentais para novas possibilidades metodológicas. A análise de redes sociais (Social Network Analysis – SNA), em particular, é uma ferramenta metodológica de origem multidisciplinar (psicologia, sociologia, antropologia, matemática, estatística), cuja principal vantagem é a possibilidade de formalização gráfica e quantitativa de conceitos abstraídos a partir de propriedades e processos característicos da realidade social. Dessa forma, modelos e teorias formulados com base em conceitos sociais podem ser matematicamente testados.

De acordo com Stanley Wasserman e Katherine Faust[1], uma das peculiaridades da SNA é o foco no aspecto relacional

1 *Social Network Analysis*: methods and applications.

dos dados coletados. Em outras palavras, o objetivo da metodologia é realizar o levantamento de propriedades e conteúdos provenientes da interação entre unidades independentes. A partir da análise dos dados de redes, pode-se identificar, por exemplo, traços de manutenção e/ou alteração nos padrões das interações em determinada rede, no decorrer do tempo. Em levantamento de dados nos estudos de redes sociais são considerados como elementos primários os elos entre os nós da rede (sua existência ou não), e, como elementos secundários, os atributos dos atores (raça, sexo, localização geográfica etc.). O objetivo e a abrangência da pesquisa determinarão se haverá necessidade de inclusão dos atributos na coleta de dados.

Sob o ponto de vista formal, existem basicamente três fundamentos teóricos em SNA: (1) a teoria dos grafos (*graph theory*); (2) a teoria estatística (*statistics*)/ probabilística (*probability theory*); e (3) os modelos algébricos (*algebraic models*). A teoria dos grafos privilegia uma análise descritiva/qualitativa de dados. Os outros métodos (2 e 3), probabilísticos, são mais utilizados para teste de hipóteses e análise de redes multirelacionais. Portanto, de forma geral, medidas de redes permitem formalizar conceitos teóricos, avaliar modelos ou teorias e analisar estatisticamente sistemas multirelacionais.

Historicamente, a SNA tem sido aplicada em diversos campos da ciência, com múltiplas finalidades, auxiliando no estudo de diferentes fenômenos sociais, especialmente em análise da difusão de inovações, jornalismo investigativo, mapeamento de redes terroristas, mapeamento de epidemias, mobilidade demográfica e, particularmente no campo administrativo, em estudos de processos decisórios e gestão do conhecimento em redes interorganizacionais. As primeiras aplicações de análises de redes em larga escala foram realizadas em estudos de disseminação de doenças. Na área da administração, a aplicação de sociogramas nos famosos estudos de Hawthorne representou um importante marco rumo ao desenvolvimento posterior da SNA[2]. "A análise de redes estabelece um novo paradigma na pesquisa sobre a estrutura social. [...] A estrutura é apreendida concretamente como uma rede de relações e de limitações que pesa sobre as escolhas, as orientações, os comportamentos, as opiniões dos indivíduos"[3].

Nesse sentido, para efeito de análise dos dados, as relações entre os atores são consideradas tão fundamentais quanto os próprios atores[4]. A SNA permite que a qualidade das interações seja apreendida quantitativamente, possibilitando a geração de matrizes e gráficos que facilitam a visualização dessas relações. Uma das vantagens do método é que predispõe, naturalmente, a uma análise que enfoca múltiplos e simultâneos níveis de análise, evitando o reducionismo metodológico.

É oportuno salientar que a SNA é um campo de estudos recente, dinâmico e em rápida evolução. Novos conceitos – ou revisões dos conceitos já existentes – surgem com freqüência cada vez maior, exigindo que o pesquisador analise com profundidade o constructo teórico subjacente à base teórica escolhida, antes de aplicá-lo a um contexto particular de pesquisa.

2 J. Scott, *Social Netwok Analysis:* a handbook.

3 R. M. Marteleto, Análise de Redes Sociais: aplicação nos estudos de transferência da informação, *Ciência da Informação*, p. 71-81.

4 R. A. Hanemann, *Introduction to Social Network Methods.*

Conceitos Gerais sobre Redes Sociais

Redes sociais são estruturas dinâmicas e complexas formadas por pessoas com valores e/ou objetivos em comum, interligadas de forma horizontal e predominantemente descentralizada. As redes sociais têm sido utilizadas por psicólogos, sociólogos, antropólogos, cientistas da informação e pesquisadores da área da administração para explicar uma série de fenômenos caracterizados por troca intensiva de informação e conhecimento entre as pessoas. Considera-se, em geral, que a velocidade das mudanças ambientais e a necessidade constante de inovação nos negócios é um dos fatores-chave da emergência e visibilidade que as redes sociais têm alcançado. Mais recentemente, os movimentos da sociedade civil na busca por soluções para problemas sociais crônicos, como fome, miséria e violência, têm contribuído para um interesse ainda maior nas redes sociais e suas propriedades.

São exemplos práticos de redes sociais os conselhos políticos internacionais, as redes terroristas, as associações de classe, as redes de especialistas e acadêmicos. No contexto dos estudos fundamentados em SNA, as principais características das redes sociais são seus graus de formalidade, densidade e centralidade. A formalidade refere-se à existência – em maior ou menor grau – de regras, normas e/ou procedimentos padronizados de interação. Densidade e centralidade, por sua vez, são conceitos-chave em SNA e referem-se, respectivamente, à proporção de elos existentes com base no total de elos possíveis e aos graus de centralização geral da estrutura da rede. Atores são considerados mais centrais quando apresentam uma quantidade maior de relacionamentos com um número maior de atores da rede, ou desempenham um papel social caracterizado por alta conectividade com outros atores, ou estão em posição hierárquica superior, ou apresentam maior amplitude de abrangência nos seus elos ou, ainda, apresentam alta conectividade com atores-chave na conexão entre subgrupos da rede. Se todos os membros de uma rede possuem graus semelhantes de conectividade, a rede é predominantemente descentralizada.

Manuel Castells[5] alerta para o fenômeno das redes como uma nova morfologia social que altera profundamente os fluxos de informação, a cultura e os modos de produção. O poder dos fluxos de informação, em especial possibilitado pelas novas tecnologias, passa a exercer um papel mais importante que os próprios fluxos de poder. Nesse sentido, estar localizado em um ponto estratégico da rede é, muitas vezes, mais importante que estar localizado em algum determinado nível hierárquico, mesmo que superior. Em geral, atores que atuam como nós conectores entre diferentes subgrupos da rede ou entre redes, são pontos de influência sobre a estrutura como um todo, seja no papel de agentes de transferência de informação, seja como pontos críticos de falha. Outros conceitos gerais sobre redes sociais:

- Redes sociais podem assumir diferentes formatos e níveis de formalidade no decorrer do tempo.
- Redes sociais podem surgir em torno de objetivos diversos: políticos, econômicos, culturais, informacionais, entre outros. Redes de origem cultural, por exemplo, tendem a ser mais coesas que redes de origem econômica, as quais podem envolver grandes distâncias geográficas.
- Redes sociais informais são baseadas em alto fluxo de comunicação e inexistência de contratos formais reguladores do resultado das interações. Atualmente, muitas redes sociais desse tipo se encontram fortemente baseadas em suportes ele-

5 *A Sociedade em Rede.*

trônicos (tecnologias da informação). Os processos de decisão em redes sociais informais são predominantemente negociais, democráticos, participativos.

Conceitos Básicos em SNA

As considerações incluídas nesta seção estão fundamentadas em Wasserman e Faust[6]. A teoria dos grafos foi um método descritivo desenvolvido principalmente entre os anos de 1950 e 60, baseado na visão da rede como um conjunto de pontos ou nós (*nodes*) unidos por elos (*ties*). Nós (*nodes*) e elos compõem um conjunto (*set*) de atores. Graficamente, elos não-direcionados (*nondirected ties*) são representados por linhas retas ou curvas (*lines*), enquanto elos direcionados (*directed ties*) são representados por linhas retas ou curvas finalizadas por setas (*arcs*). No caso dos elos ponderados, aqueles relacionados a um determinado valor, força ou intensidade da relação (*valued ties*), os valores correspondentes são anotados diretamente sobre a linha correspondente.

Além dos gráficos para representação das redes sociais, são utilizadas matrizes quadradas ou retangulares (*squared or rectangular matrix*), também denominadas sociomatrizes (*sociomatrices or X*). Essas matrizes permitem a visualização de relações e padrões que dificilmente seriam percebidos nos sociogramas de pontos e linhas, principalmente em redes muito grandes e densas. Embora possam ser utilizadas também para redes de elos ponderados (*valued ties*), as matrizes e os cálculos em SNA privilegiam dados

6 Op. cit.

binários, compostos de o's (zeros) e 1's (uns). Geralmente desconsidera-se a diagonal da matriz, por tratar-se de uma auto-escolha (*self-choice*), embora a regra possa ser quebrada dependendo do tipo de relação a ser analisada. Nas matrizes, as linhas (g) representam elos enviados (*sented ties or "i"*), enquanto as colunas (h) representam elos recebidos (*received ties or "j"*). Elos enviados e recebidos possuem importantes implicações no cálculo dos graus de centralidade local e global e na identificação de subgrupos na rede. A notação para representação de uma sociomatriz é:

$$X = g \times h$$

Muitos conceitos e terminologias utilizados em análise de redes sociais carecem, ainda, de maior precisão, face à novidade desse campo de estudo e sua origem multidisciplinar. Apresentam-se, a seguir, alguns dos principais conceitos atualmente utilizados em SNA, selecionados a partir do critério de sua importância para esse campo de estudo:

- Ator (*actor*): indivíduos ou grupos de indivíduos, corporações, comunidades, departamentos etc. Redes formadas por atores do mesmo tipo são chamadas redes unimodais (*one-mode networks*). Redes formadas por atores de diferentes tipos são redes multimodais (*two-mode networks*). O estudo das relações de amizade entre vizinhos é uma rede unimodal, enquanto um estudo do fluxo de recursos das empresas privadas para as organizações sem fins econômicos baseia-se em uma rede multimodal. As redes de afiliação, que estudam tipos de eventos ou organizações das quais os atores participam simultaneamente, são tipos especiais de redes multimodais;
- Elos relacionais (*relational ties*): tipo de relação que estabelece uma conexão ou troca de fluxos entre dois atores.

Podem ser opiniões pessoais, transferência de recursos, interações, filiação a entidades etc. Basicamente, podem ser consideradas duas propriedades dos elos relacionais, com base na existência ou não de direção do elo (*directional ou nondirectional*) e na existência ou não de "força" no elo (*dichotomous ou valued*);

- Díade (*dyad*): par de atores e o possível elo entre estes. As díades podem ser analisadas para determinar propriedades tais como reciprocidade, correlação entre múltiplas relações, entre outras medidas;
- Tríade (*triad*): subgrupo de três atores e os possíveis elos entre estes;
- Subgrupo (*subgroup*): qualquer subgrupo de atores, de qualquer tamanho, e os elos entre estes;
- Relação (*relation*): coleção de elos de um determinado tipo entre membros de um grupo;
- Rede social (*social network*): conjunto finito de atores e suas relações;
- Grau nodal (*nodal degree*): mensuração do grau de "atividade" de um determinado nó, com base no cálculo da quantidade de linhas adjacentes. No caso dos gráficos compostos por elos direcionados (*directed ties*), também chamados de digráficos (*dighaphs*), um nó pode apresentar diferentes graus (*degrees*) se considerados separadamente os elos enviados e elos recebidos. A média (*mean*) dos valores de elos enviados e elos recebidos em um determinado gráfico, é sempre equivalente. Entretanto, pode haver distinção de valores na variância de elos enviados e elos recebidos;
- Densidade (*density*): cálculo da proporção de linhas existentes em um gráfico, com relação ao máximo de linhas possíveis. Matematicamente, a densidade pode variar de 0 a 1. Estudos realizados em matrizes randômicas demonstraram que

a maior parte dos sociogramas analisados apresentava densidade de até 0,5. A densidade do grafo é definida como o produto da divisão do número de linhas presentes pelo total de linhas que poderiam estar, teoricamente, presentes. A figura 1 apresenta três variações na densidade de redes, considerando-se a proporção de elos existentes (de vazia a totalmente completa). Observe-se que, no caso do cálculo de densidade para os grafos representados, obter-se-ia como resultado 0 (zero) para o grafo vazio, 1 (um) para o grafo completo e 0,4 para o grafo intermediário, respectivamente.

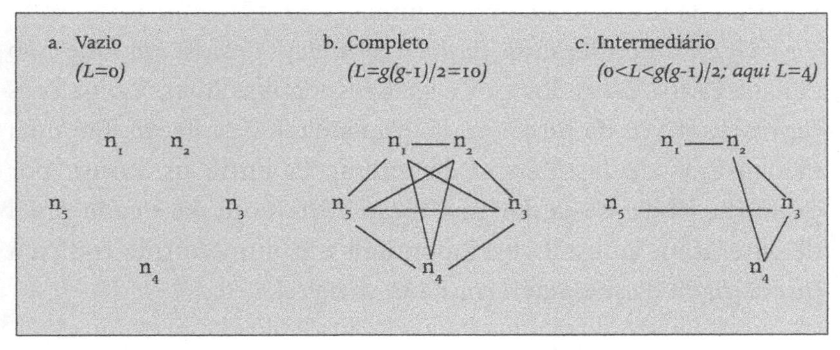

Fig. 1: Densidade de grafos em estruturas vazias (a), completas (b) e intermediárias (c)

- Caminhada (*walk*): seqüência de nós e linhas em que cada nó é incidente com as linhas anteriores e precedentes. Nós e linhas podem ser incluídos mais de uma vez, sendo que a soma do total de linhas determina a largura da caminhada.
- Trilhas (*trails*) e caminhos (*paths*): são caminhadas (*walks*) com características especiais. Uma trilha é uma caminhada na qual cada linha só pode ocorrer uma vez, e um caminho é uma caminhada na qual linhas e nós só podem ocorrer uma vez.
- Distância geodésica (*geodesic distance*): é a menor distância (medida em caminhos) entre dois nós.

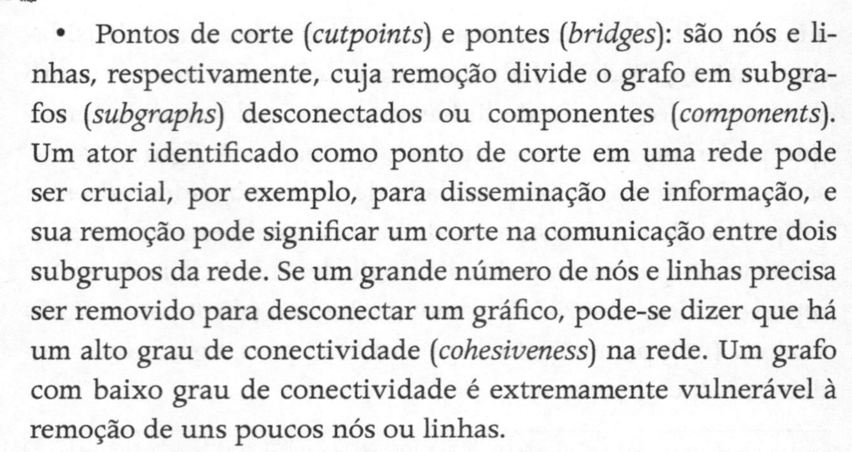

• Pontos de corte (*cutpoints*) e pontes (*bridges*): são nós e linhas, respectivamente, cuja remoção divide o grafo em subgrafos (*subgraphs*) desconectados ou componentes (*components*). Um ator identificado como ponto de corte em uma rede pode ser crucial, por exemplo, para disseminação de informação, e sua remoção pode significar um corte na comunicação entre dois subgrupos da rede. Se um grande número de nós e linhas precisa ser removido para desconectar um gráfico, pode-se dizer que há um alto grau de conectividade (*cohesiveness*) na rede. Um grafo com baixo grau de conectividade é extremamente vulnerável à remoção de uns poucos nós ou linhas.

• Grafos Ponderados (*valued graphs*): grafos em que são considerados, além dos elos e suas respectivas direções, valores representativos da força ou da intensidade da relação. Em uma mensuração de freqüência de interações entre os atores, por exemplo, poder-se-ia dar um "peso" diferente para cada nível de interação, ao qual corresponderá um número que indica a intensidade daquela determinada variável.

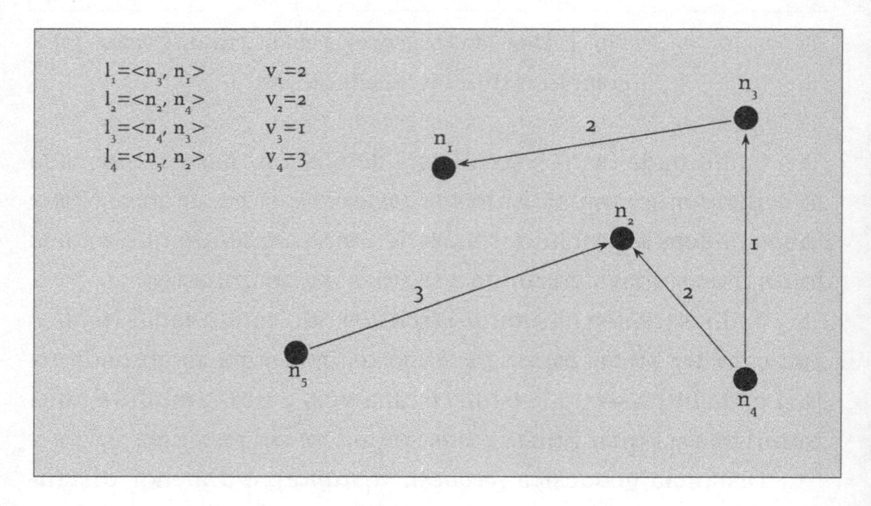

Fig. 2: Grafos ponderados

• Imbricamento estrutural (*embeddedeness*): é um dos conceitos-chave na análise de redes, porque descreve de que forma os atores (ou grupo de atores) estão envolvidos em várias redes simultaneamente (redes mais amplas/exteriores e redes mais restritas/interiores). A figura 3, a seguir, mostra uma simulação gráfica de uma situação de imbricamento estrutural em que foram considerados três níveis de imbricamento em uma rede social: alunos amigos da mesma classe e mesma escola no primeiro nível, alunos colegas da mesma classe e mesma escola no segundo nível e alunos colegas de outras classes na mesma escola.

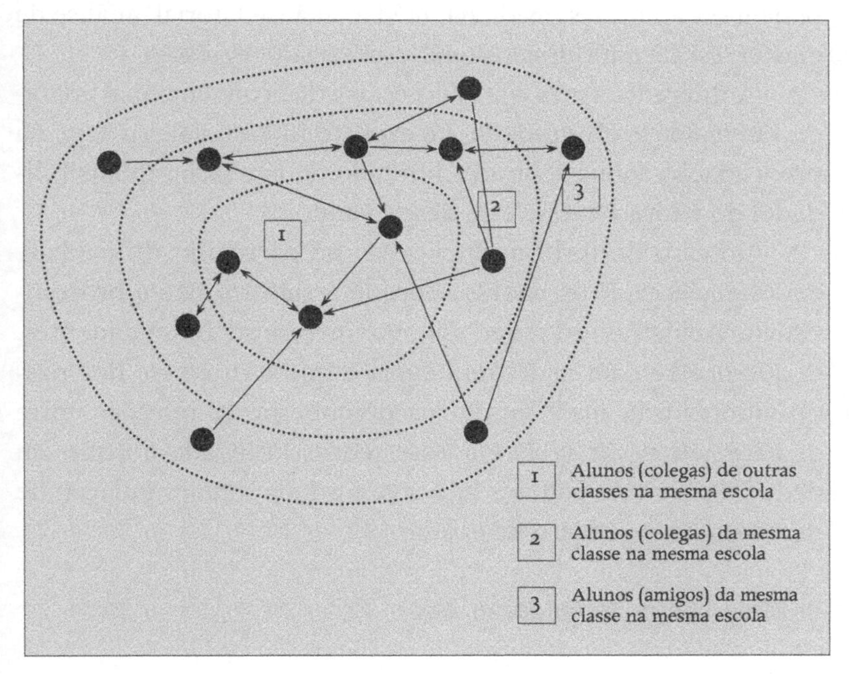

Fig. 3: Simulação gráfica de imbricamento estrutural entre redes sociais de alunos em uma escola

Outras considerações gerais sobre metodologia de análise de redes sociais:

• É considerada como um "braço" matemático da sociologia.

• Suas abordagens, em termos de análise e interpretação de dados, podem ser predominantemente matemáticas (determinísticas) ou estatísticas (probabilísticas).

• Aparentemente, há pouca diferença aparente entre as abordagens estatísticas convencionais e abordagens de análise de redes. Ferramentas estatísticas descritivas tais como análise univariada, bivariada, multivariada, também podem ser utilizadas para descrever e modelar dados de redes sociais. Outras medidas tradicionalmente utilizadas em estatística convencional também podem ser aplicadas: mediana, média, análise fatorial, análise de cluster, escala multidimensional, correlação, regressão.

• A diferença entre a SNA e a estatística convencional aparece, em maior profundidade, no aspecto inferencial, ou seja, na preocupação com a reprodutibilidade ou *likelihood* (plausibilidade) do padrão que se está descrevendo.

• No caso do teste de hipóteses, há particular dificuldade em estabelecer erros-padrão, porque a amostra não é probabilística. Amostras de redes são, por natureza, independentes. O que ocorre com mais freqüência é que o interesse dos pesquisadores está mais focado na descoberta de relações entre os parâmetros/variáveis e a base teórica utilizada do que em deduzir possíveis padrões aplicáveis a toda uma população de redes alheias ao objeto de estudo.

Levantamento de dados em SNA

Basicamente, o que difere dados coletados em SNA de dados convencionais é o conteúdo das colunas, que passam a descrever um tipo de relação entre os atores da rede. Esses dados permitem definir uma rede com base na posição de seus nós (atores: indivíduos, grupos, organizações etc.), na densidade de sua estrutura e na reciprocidade das relações (elos) entre os nós. As tabelas a seguir demonstram a diferença entre dados convencionais (Tabela 1) e dados de redes (Tabela 2):

Tabela 1: Dados convencionais

NOME	SEXO	IDADE
João	M	15
Maria	F	18
José	M	17

▶ Atributos dos casos, objetos, observações

Tabela 2: Dados de redes – quem gosta de quem?

Quem foi escolhido ▶ / Quem escolheu ▼	João	Maria	José
João	-	0	1
Maria	1	-	1
José	0	1	-

▶ Relação positiva – João gosta de José (1)

▶ Relação negativa – José não gosta de João (0)

Dependendo da abordagem escolhida no desenho da pesquisa, pode-se privilegiar o aspecto posicional dos nós e elos da rede ou o aspecto relacional das suas interações. De acordo com a teoria das redes sociais, as duas visões de estrutura (relacional e posicional) permitem que se realize o levantamento do desenho da rede, das conexões entre os atores, além dos padrões de relacionamento. Há uma diferença fundamental entre as duas abordagens: enquanto a abordagem posicional tende a retratar a estrutura existente em um determinado momento, a abordagem relacional permite identificar sinais de evolução nos padrões de interação da rede, indicando possíveis tendências para o futuro. Com base nas tabelas 1 e 2, por exemplo, é possível inferir, entre outras relações, dois conjuntos básicos de dados:

- Posição dos Atores na Rede (Visão Posicional)
    - Quem gosta e não gosta das mesmas pessoas ao mesmo tempo?
    - Quem foi apontado positiva e negativamente pelas mesmas pessoas?

- Relação entre os Atores na Rede (Visão Relacional)
    - Qual é o grau de reciprocidade entre as escolhas?
    - Maria ⇔ José (Maria gosta de José e José gosta de Maria)
    - Maria ⇒ João (Maria gosta de João e João não gosta de Maria)

Com relação à definição das fronteiras da rede, essas podem ser estabelecidas *a priori* ou podem surgir de acordo com o desenvolvimento da pesquisa, de acordo com critérios abstratos. Por exemplo, "alunos da escola x" caracterizam um tipo de fronteira conhecida *a priori*. No caso de "alunos da escola x com dificuldades de aprendizagem", as fronteiras serão definidas no decorrer da pesquisa, a partir do momento em que forem definidos os critérios para delimitação do grupo de "alunos com dificuldades de aprendizagem" *versus* "alunos sem dificuldades de aprendizagem". De acordo com Wasserman e Faust[7], pesquisadores de redes geralmente definem as fronteiras da rede com base na força entre os elos, ou seja, observando-se a freqüência de interações ou a intensidade da existência de elos entre os membros da rede em contraste com os não-membros. A chamada abordagem realista toma como base, para definição

7 Idem.

das fronteiras, a percepção dos próprios atores da rede. Seria o caso de uma gangue de rua, por exemplo, em que os critérios de inclusão e exclusão de atores participantes são definidos pelo próprio grupo social. Na abordagem nominalista, a definição das fronteiras acontece com base nos interesses do pesquisador e na base teórica que fundamenta o estudo.

Além disso, estudos de redes podem ser realizados em um único nível de análise ou em múltiplos níveis de análise (ou modalidades). No primeiro caso, um estudo realizado com base nas relações de trabalho entre os atores constitui um exemplo. Estudos que procurassem identificar intersecções entre relações de trabalho e relações de amizade, por exemplo, constituiriam um exemplo de SNA aplicada a múltiplos níveis de análise. A figura 4, a seguir, ilustra uma situação de estudo com base no cruzamento de informações entre redes de relações de trabalho e relações de amizade, considerando-se um mesmo subgrupo de atores.

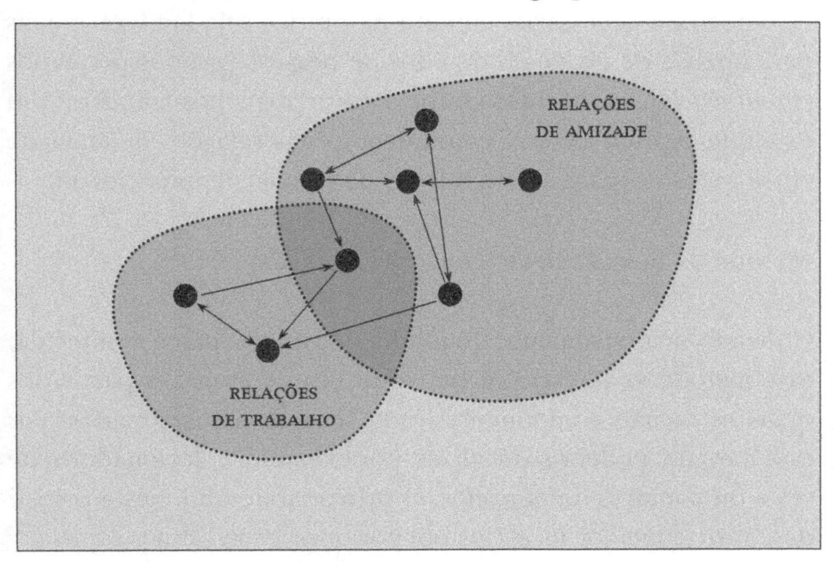

Fig. 4: Exemplo gráfico de estudos em múltiplos níveis de análise em SNA

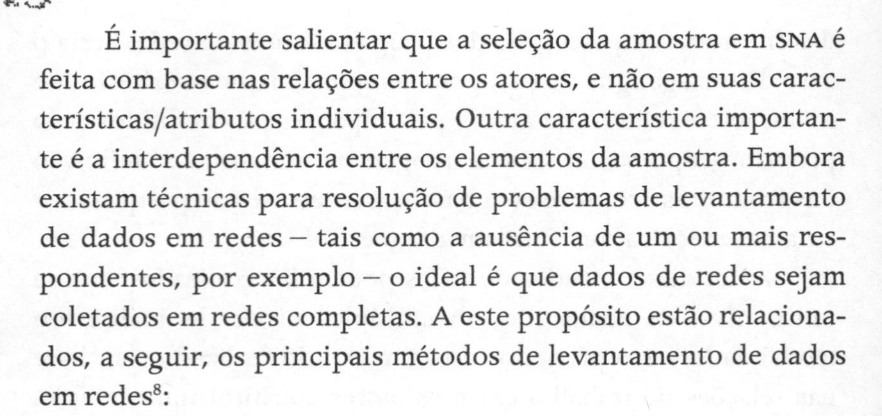

É importante salientar que a seleção da amostra em SNA é feita com base nas relações entre os atores, e não em suas características/atributos individuais. Outra característica importante é a interdependência entre os elementos da amostra. Embora existam técnicas para resolução de problemas de levantamento de dados em redes – tais como a ausência de um ou mais respondentes, por exemplo – o ideal é que dados de redes sejam coletados em redes completas. A este propósito estão relacionados, a seguir, os principais métodos de levantamento de dados em redes[8]:

Métodos de rede completa (*Full network methods*)

Coleta informações sobre os elos de cada ator com todos os outros atores da rede. Dependendo do tipo de análise de dados a ser realizada na seqüência do trabalho de pesquisa, esse tipo de amostra é necessário, embora na prática seja factível apenas para análise de grupos reduzidos de pessoas (grupos pequenos [*small world*], conhecidos também como pequenos mundos). Um exemplo prático seria o levantamento das relações de amizade entre todos os (pares) de diretores de escolas de uma cidade.

Método da bola de neve (*Snowball methods*)

Utilizado principalmente quando a população não é conhecida, esse método se inicia com um conjunto de atores, a partir dos quais os demais componentes (nós) da rede são rastreados. Por esse método, podem-se localizar, por exemplo, colecionadores de selos ou contatos de negócios. O principal desafio, neste caso, é descobrir o melhor local (grupo) por onde começar a pesquisa.

8 R. A. Hanemann, op. cit.

Redes ego-centralizadas com "alter" conexões (*Ego-centric networks with alter conections*)

Esse método identifica os nós focais (egos) e, posteriormente, identifica os nós aos quais estes egos estão conectados. Os nós secundários (alter) são então investigados quanto às suas possíveis interconexões (conexões entre si). A figura 5, a seguir, demonstra graficamente a diferença entre redes ego-centralizadas e alter-conectadas.

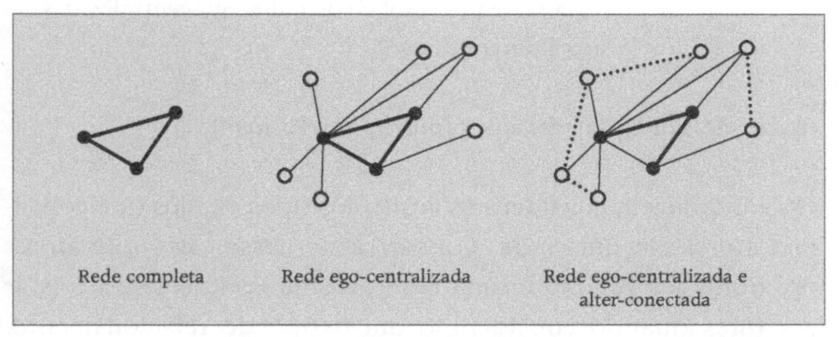

Fig. 5: Exemplo gráfico de redes ego-centralizadas e alter-conectadas

Redes ego-centralizadas sem "alter"-conexões (*Ego-centric networks – ego only*)

Essa abordagem tem como foco o nó individual, em lugar de procurar abranger a rede como um todo. Dessa forma, é possível capturar uma imagem das redes "locais" e da vizinhança dos indivíduos focalizados. As conexões entre os alters (elos secundários) não são consideradas.

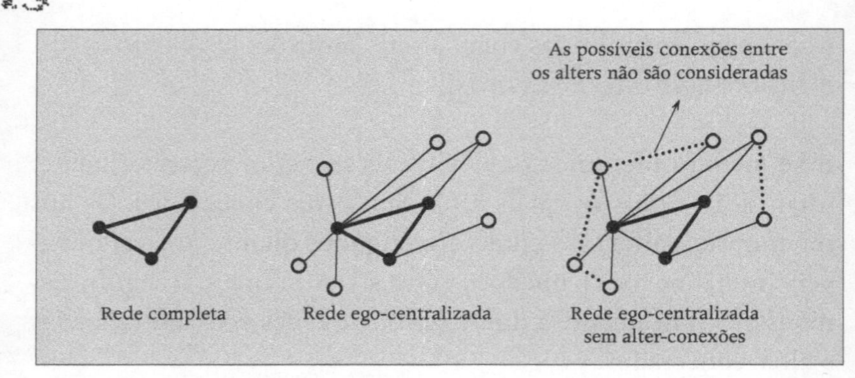

Fig. 6: Exemplo gráfico de redes ego-centralizadas sem alter-conexões

Redes de múltiplas relações (*multiple relations*)

Essa abordagem considera os múltiplos tipos de elos que conectam atores em uma rede. Considera-se, nesse caso, que atores próximos em relação a uma determinada relação podem estar distantes quando considerado outro tipo de relacionamento. Com relação às abordagens teóricas que darão suporte à escolha das relações a serem examinadas, a Teoria dos Sistemas sugere DOIS domínios: (a) material: o conteúdo da relação só pode estar em um local em um determinado momento. Ex.: fluxo de dinheiro entre pessoas, fluxo de pessoas entre organizações etc. e; (b) informacional: o conteúdo pode estar (duplicado) em vários lugares ao mesmo tempo. Ex.: informação, conhecimento.

Escalas de medidas em SNA

As escalas de medidas utilizadas em SNA possuem características similares às escalas tradicionais utilizadas por métodos de pesquisa convencionais. A diferença consiste, basicamente, no conteúdo do levantamento de dados com foco nos relacionamentos entre os atores. Foram relacionadas, a seguir, as principais medidas utilizadas em SNA.

Medidas binárias (*binary measures of relations*)

Esse tipo de medida especifica, basicamente, se a relação existe (1) ou se a relação não-existe (0). Freqüentemente, dados mais complexos (ponderados, por exemplo) são dicotomizados para fins de cálculo, principalmente em função do poder e simplicidade da análise de dados binários.

Exemplo: De quem você gosta?

(x) João → 1 (resposta positiva)
(x) Maria → 0 (resposta negativa)
(x) José → 1 (resposta positiva)

Medidas relacionais nominais multicategorias (*Multiple-category nominal measures of relations*)

São medidas de múltipla escolha, na qual o respondente pode selecionar, entre uma série de relações, qual ou quais são as opções que melhor descrevem seu relacionamento com os atores relacionados.

Exemplo: No desenvolvimento do projeto X, selecione a(s) categoria(s) que melhor descreve(m) seu relacionamento com:

João
( ) troca de idéias
(x) busca de recursos externos
( ) avaliação de resultados

José
( ) troca de idéias
(x) busca de recursos externos
(x) avaliação de resultados

Maria
(x) troca de idéias
(x) busca de recursos externos
( ) avaliação de resultados

Cada uma das categorias propostas pode receber um escore (tipo 1, tipo 2 etc.), que independe da força do elo, ou seja, basta que o elo exista, não importando a intensidade ou profundidade com que ocorre na realidade. Para cada um dos tipos, podem corresponder dados binários convencionais. Se o respondente não puder escolher mais de um tipo de relação ao mesmo tempo, perdem-se dados, e a densidade real da rede pode ficar camuflada/oculta.

Exemplo:
João → Maria

TIPO 1	troca de idéias	relação não existe	(0)
TIPO 2	busca de recursos externos	relação existe	(1)*
TIPO 3	avaliação de resultados	relação não existe	(0)

Maria → João

TIPO 1	troca de idéias	relação existe	(1)
TIPO 2	busca de recursos externos	relação existe	(1)*
TIPO 3	avaliação de resultados	relação não existe	(0)

*Obs.: Neste caso, a relação é recíproca, porque é inversamente positiva: João cita a busca de recursos como existente em relação a Maria, que havia citado João para essa relação.

Medidas de relações agrupadas ordinais (*Grouped ordinal measures of relations*)

Essas medidas refletem uma escala de intensidade na relação (força dos elos ou *strengh of ties*). Uma das formas de medição, de acordo com essa abordagem, é a determinação de uma escala de três pontos, refletindo uma conexão negativa (-1), neutra (0) ou positiva (+1). Da forma semelhante aos dados nominais, as medidas ordinais agrupadas são, geralmente, binarizadas para fins de cálculo.

Exemplo: Determinar a freqüência de interações, o grau de intensidade emocional (expectativa, ritualização), a reciprocidade etc.

Você acha que João:

Gosta mais de você que você dele?	Conexão Positiva	(+1)
Gosta menos de você que você dele?	Conexão Positiva	(-1)
Gosta de você com a mesma intensidade que você gosta dele?	Conexão Neutra	(0)

Medidas totais de relações ordinais (*Full-rank ordinal measures of relations*)

São medições mais refinadas a respeito da força dos elos, permitindo a criação de uma escala métrica que reflete diferentes e variados graus de intensidade.

Exemplo: Relacione as pessoas de seu ambiente de trabalho de quem você mais gosta, em ordem crescente:

1º João

2º Maria

3º José

4º Marcos

Medidas totais de intervalos em relações ordinais (*Full-rank ordinal measures of relations*)

Correspondem ao nível mais avançado de mensuração, pois consideram as diferenças de intensidade entre os intervalos. A diferença entre o primeiro e segundo indicados (no exemplo anterior, João e Maria), seria a mesma, em intensidade, que aquela existente entre o 3º e 4º indicados (José e Marcos). Rastreamento de *e-mails*, telefones, correspondência, por exemplo, podem fornecer um retrato mais fiel dos intervalos entre elos, principalmente em termos de intensidade.

Aplicações de SNA em Análise de Estruturas Sociais Complexas

Um conceito básico em teoria de redes é o de que "a inteligência de uma rede recai sobre os padrões de relacionamento entre seus membros"[9]. De acordo com Vinícius Carvalho Cardoso[10], embora as vantagens intrínsecas à realização de tais arranjos seja praticamente um consenso entre os autores da área, "há que se pensar, primeiro, em formas de desenvolver e dar visibilidade às relações entre os nós da rede". Portanto, uma compreensão mais ampla das aplicações da SNA em estudos de redes passa

9 J. Lipnack e J. Stamps apud R. Agranoff; M. McGuire, Big Questions in Public Network Management Research, em *Fifth National Public Management Research Conference*, p. 6.

10 V. C. Cardoso et al., Gestão de Competências em Redes de Organizações: discussões teóricas e metodológicas acerca da problemática envolvida em projetos de implantação, em *Anais do XXV Enanpad*, p. 9.

pela identificação de seus nós, dos elos formados entre os nós e do tipo de relações que estes elos estabelecem.

No sentido de facilitar a representação de dados reticulares, foram desenvolvidas técnicas baseadas em sociogramas, instrumentos gráficos tradicionais na metodologia. A figura 7 mostra um exemplo de mapeamento de rede social incluindo elementos como nós, grau de densidade e representação visual de elos fortes e fracos. Note-se, a título de exemplo, que a figura não inclui outras características de redes tais como direção ou conteúdo dos fluxos entre os nós.

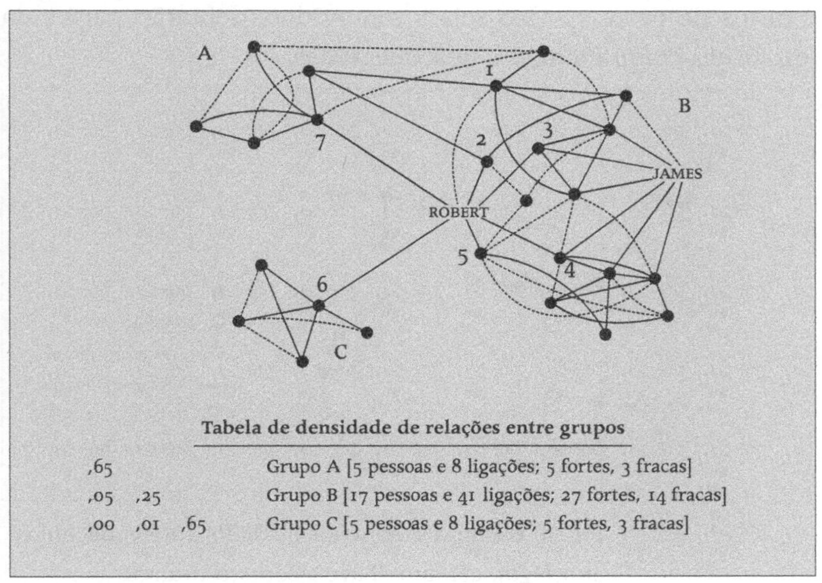

Tabela de densidade de relações entre grupos

,65			Grupo A [5 pessoas e 8 ligações; 5 fortes, 3 fracas]
,05	,25		Grupo B [17 pessoas e 41 ligações; 27 fortes, 14 fracas]
,00	,01	,65	Grupo C [5 pessoas e 8 ligações; 5 fortes, 3 fracas]

Fig. 7: Organização social

[FONTE: Ronald S. Burt, *New Directions in Economic Sociology*, p.49.]

Conforme mencionado anteriormente, redes sociais são estruturas complexas e integrativas que envolvem troca de informação, conhecimento e competências. Em redes sociais, a identificação de atores-chave, contatos-chave, relações primárias, relações indiretas, relações secundárias, entre outros elementos, são fatores importantes para uma configuração precisa da estrutura. A figura 8, a seguir, demonstra graficamente o mapeamento de uma rede social a partir do tipo de nós encontrados (atores), do tipo de elos entre eles (contatos-chave, contatos-indiretos) e do tipo de relação entre os nós (relação primária, relação secundária, relação indireta). A visualização gráfica da rede permite observar, por exemplo, que há centralização da rede em torno de alguns atores e subgrupos de atores. Além disso, pode-se verificar, visualmente, que alguns atores constituem pontos de corte e, caso sejam removidos, deixarão partes da estrutura completamente desconectadas.

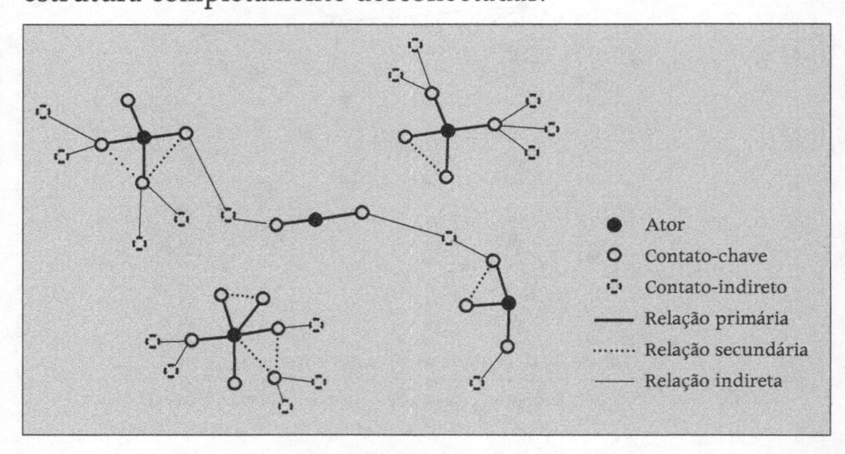

Fig. 8: Exemplos de níveis de dados interconectados: ator (ego), contato-chave e contato-indireto

[FONTE: James Moody, An *Introduction to Social Network Analysis.*]

A análise de redes sociais tem encontrado respaldo para aplicação metodológica em estudos fundamentados nas teorias de gestão do conhecimento em função de sua aplicabilidade instrumental. Uma das métricas de efetividade em gestão do conhecimento em redes, por exemplo, é o grau de independência da rede com relação a seus atores-chave. A partir do mapeamento e mensuração dos relacionamentos e fluxos entre pessoas, grupos, organizações, ou qualquer outro meio no qual informações e conhecimentos são processados, podem ser realizadas análises computacionais matemáticas que dão origem a gráficos e matrizes[11].

A figura 9 ilustra o mapeamento de uma rede social intraorganizacional, permitindo a visualização e identificação de grupos de trabalho, divisões internas, contatos primários externos e atores centrais nos fluxos de informação.

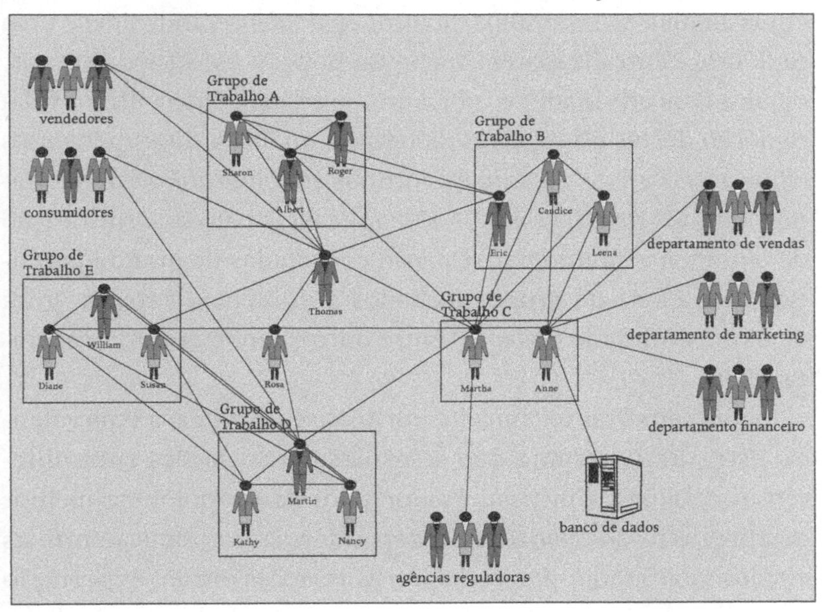

Fig. 9: Mapeamento da rede de interações em um ambiente de trabalho

[FONTE: Valdis Krebs, Managing Core Competencies of the Corporation, em *The Advisory Board Company*, p. 400.]

11 N. Archer, Knowledge Management in Network Organizations, em *6th world congress on the management of intellectual capital and innovation.*

Nesse exemplo, a quantidade de elos de um nó determina o grau de atividade de um ator no contexto da rede. Um cruzamento das informações a respeito do grau de atividade de um nó com a posição que ele ocupa determina, entre outras medidas, seus graus de influência, acessibilidade, proximidade, fatores críticos com implicações para a gestão organizacional. Indivíduos com alto grau de centralidade (*hubs*), por exemplo, convertem-se em pontos críticos de falha, se removidos ou reposicionados[12].

Por outro lado, uma análise geral da rede pode revelar áreas de grande concentração e vulnerabilidade. Métricas de equivalência estrutural (*structural equivalence*) indicam se uma rede está centralizada em torno de poucos *hubs* (nós centrais, de alta conectividade) e, portanto, extremamente vulnerável à remoção destes nós. Outras métricas – análise de agrupamentos (*cluster analysis*), buracos estruturais (*structural holes*), pequenos mundos (*small words*) – são aplicáveis para a identificação de fenômenos tais como áreas não conectadas de grande potencial, existência de grupos fechados à influência externa, grau de extensibilidade dos elos, entre outros fenômenos de natureza social.

Um importante conceito em análise de redes, a equivalência estrutural, permite que se realizem associações entre diferentes relações. Um pesquisador poderia propor uma melhor compreensão dos padrões de dependência econômica entre as nações associando, por exemplo, as relações entre "exportação de matéria-prima para (...)" e "importação de bens manufaturados de (...)"[13].

Quando considerados os agentes internos da rede, ou nós, é possível identificar algumas características das suas posições

12 V. Krebs, Managing Core Competencies of the Corporation, em *The Advisory Board Company*.

13 S. Wasserman; K. Faust, op. cit.

e dos relacionamentos entre eles estabelecidos. Estruturas dispersas ou saturadas – constituição da densidade da rede – possuem implicações diversas em termos de gestão. Outras relações entre os elementos morfológicos gerais das redes (nódulos, posições, ligações e fluxos) permitem que seja determinado, entre outras medidas, o grau de centralização da estrutura como um todo e dos subgrupos a esta relacionados. Densidade e centralidade, em particular, são duas características básicas em análise de redes. Enquanto a densidade é calculada como a proporção do número de relações existentes, comparadas ao número total de relações possíveis, a centralidade é utilizada para medir a habilidade de um determinado ator para controlar o fluxo de informação ao longo da estrutura[14]. Em redes sociais, um aumento na densidade da rede apresenta, potencialmente, relação direta com o aumento na eficiência da comunicação, difusão de valores, normas e informações entre os atores.

Embora a SNA esteja sendo aplicada a estudos de outros tipos de estruturas – tais como análise de relações entre *sites*, por exemplo – a origem sociológica da metodologia fica evidente quando observa-se os conceitos teóricos que motivaram o desenvolvimento de alguns dos principais métodos e medidas de redes, entre estes: grupo social, isolamento, popularidade, prestígio, coesão social, papel social, reciprocidade, mutualidade, troca, influência, dominância, conformidade, poder. Muitos desses conceitos ainda carecem de medidas precisas em SNA, embora avanços importantes tenham sido alcançados nos últimos anos.

No caso do conceito de poder em redes, a título de exemplificação, podem ser aplicadas diversas medidas de centralidade com o objetivo de revelar indivíduos ou áreas da rede

14 A. Peci, Pensar e Agir em Rede: implicações na gestão das políticas públicas, em *Anais do XXIV Enanpad*.

onde ocorre concentração dessa propriedade. Considera-se que poder é uma propriedade inerentemente relacional e manifesta-se na forma de domínio de um ou mais atores sobre os outros atores da rede. Poder é, portanto, simultaneamente uma propriedade sistêmica (macro) e relacional (micro), e não pode ser exercido facilmente em um sistema com baixa densidade. Comparativamente, dois sistemas podem apresentar volumes equivalentes de poder, mas essa propriedade pode estar desigualmente distribuída se forem considerados os graus de centralidade identificados naquela rede em particular.

Aplicações de SNA em estudos de redes interorganizacionais

> Organizações podem ser vistas como redes sociais formadas por indivíduos interconectados interpretando, criando, compartilhando e agindo em torno de informação e conhecimento. [...] A estrutura social não está necessariamente limitada à organização formal, e pode incluir relacionamentos interorganizacionais ou coletividades de empresas que formam a chamada rede ou organização "virtual"[15].

De acordo com Agranoff e McGuire, em estudo sobre o estado-da-arte em pesquisas sobre redes de gestão pública, atividades realizadas por gerentes de redes interorganizacionais estão relacionadas, basicamente, à gestão de mecanismos-chave na integração da rede: recursos materiais, informação e conhecimento (*expertise*)[16]. Estas atividades, ou comportamentos, foram agrupadas pelos autores em quatro grandes áreas:

15 M. H. Zack, Researching Organizational Systems using Social Network Analysis, *Proceedings of the 33rd Hawai'i International Conference on System Sciences.*
16 R. Agranoff; M. McGuire, op. cit.

1. Ativação (*activation*) – seleção dos parceiros, organização, alimentação e integração da estrutura; envolvendo também a desativação e troca de atores, principalmente de lideranças;

2. Estruturação (*framing*) – estabelecimento das regras de operação, controle sobre os valores e normas prevalecentes, alteração das percepções dos atores (introdução de novas idéias, promoção de um propósito ou visão compartilhada), recomendação de mecanismos decisórios, alinhamento dos interesses;

3. Mobilização (*mobilizing*) – operacionalização dos objetivos estratégicos, suporte aos propósitos da rede, sob a forma de tradução operacionalizável de propósitos mais amplos;

4. Sintetização (*synthesizing*) – criação de um ambiente favorável à cooperação; prevenção, minimização, remoção de bloqueios à cooperação e causas de conflitos; redução das complexidades e incertezas através da promoção da troca de informação (comunicação); desenvolvimento de procedimentos e regras de interação; troca de papéis; incentivo à auto-organização.

De acordo com os autores, os procedimentos gerenciais relacionados a essas atividades e utilizados em redes ainda não foram sistematizados sob a forma de um conceito funcional e conceitual equivalente aos encontrados na teoria tradicional. Sugerem, ainda, como temas centrais para futuras pesquisas, abordagens para análise de grupos de trabalho em rede, vantagens da rede em termos de flexibilidade, mecanismos sociais e *accountability* (prestação de contas), mecanismos de poder e controle, mecanismos de avaliação e produtividade, entre outros.

Embora uma visão superficial pareça favorecer os arranjos multiorganizacionais como modelos de atuação democrática

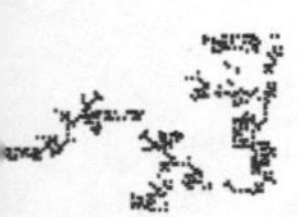

nas alianças entre poderes público e privado, certas complicações podem surgir como conseqüência dessas parcerias. Não há, absolutamente, nenhuma garantia de que haverá equilíbrio entre responsabilidades, poder decisório ou direito de alocação sobre os recursos disponibilizados. Muito menos, ainda, pode-se falar em garantia de qualidade e efetividade em um ambiente onde o trabalho é predominantemente voluntário. Cria-se, dessa forma, ainda que de modo quase imperceptível, uma dicotomia entre *accountability for* (prestação de contas em relação aos resultados) e *accountability to* (prestação de contas em relação aos parceiros e à sociedade em geral).

Outras agendas de pesquisa têm sugerido, recentemente, temas e abordagens relevantes para a análise de redes de organizações, enfatizando, de modo geral, a falta de dados empíricos sobre fatores, de surgimento das redes, configuração das macroculturas das redes, papel da interação dos mecanismos sociais na gestão de redes, relações entre tamanho e produtividade e exercício do poder e equilíbrio de interesses divergentes.

Temas Emergentes em SNA

Segundo Ronald Breiger[17], diversos temas deram origem e/ou emergiram no decorrer do desenvolvimento da SNA. O autor menciona, por exemplo, a evolução das antigas estratégias de guerra desenvolvidas em torno da centralização de poder em direção a modelos contemporâneos de dispersão das forças na criação de estratégias competitivas. Nesse sentido, os conceitos

17 R. Breiger, *Dynamic Social Network Modeling Analysis*: workshop summary and papers, p. 19-21.

de SNA têm contribuído ao apresentar modelos teóricos de aplicação de comando e controle de estruturas em rede.

O campo de estudos em SNA tem crescido nos últimos anos, como demonstra o surgimento de centros de pesquisa, associações, publicações especializadas. Em um *workshop* internacional realizado em Washington DC, no ano de 2003, Breiger destaca seis temas emergentes em SNA nos últimos anos:

1. Medidas de redes têm sido desenvolvidas no sentido de apreender conceitos relacionais com maior precisão e com respeito às diferenças percebidas. As variações nos conceitos de centralidade – por grau, proximidade, interposição, eigenvetor* – exemplificam a evolução da teoria em relação aos fenômenos sociais.

2. Têm sido desenvolvidas análises que exploram a questão da interação entre múltiplas redes de relações, na busca de modelos matemáticos que descrevam propriedades tais como a existência de subgrupos ou homomorfismos. Os estudos da "força dos elos fracos" seguem nessa direção, como demonstram estudos de múltiplas relações em redes sociais.

3. Alguns conceitos em SNA buscam representar a relação entre dados no nível do indivíduo e os dados macroestruturais da rede. Nesse sentido, por exemplo, surgem os conceitos de equivalência e balanço estrutural.

4. Dados de afiliação em múltiplas redes têm sido utilizados para demonstrar conexões entre diferentes níveis estruturais. Um dos principais objetivos desse tipo de estudo é revelar interseções entre diferentes redes sociais ou entre redes sociais e participação em eventos.

* Matriz de adjacência, determina os nós visitados com mais freqüência. (N. da O.)

5. Outros estudos em SNA têm buscado relacionar redes sociais e comportamento individual. O objetivo é encontrar fatores de mútua influência entre redes e indivíduos, além de testar modelos preditivos e evolucionários de estruturas reticulares.

6. Finalmente, novas técnicas de representação gráfica de redes têm sido desenvolvidas para diminuir a distância entre métodos de visualização e modelos formais.

Referências Bibliográficas

AGRANOFF, Robert; MCGUIRE, Michael. Big Questions in Public Network Management Research. In: *Fifth National Public Management Research Conference*, Texas: Texas A&M University, College Station, George Bush Presidential Conference Center, december 3-4, 1999.

ARCHER, Norm. Knowledge Management in Network Organizations. In: *6th World Congress on the Management of Intellectual Capital and Innovation*. january 15-17, 2003. Disponível em: <http://worldcongress.mcmaster.ca/> Acesso em: 21 mar. 2003.

BREIGER, Ronald. *Dynamic Social Network Modeling Analysis*: workshop summary and papers. Washington, DC: National Academies Press, 2003. Disponível em: <http://site.ebrary.com/lib/parana>. Acesso em: 19 abr. 2005.

BURT, Ronald S. *New Directions in Economic Sociology*. New York: Russel Sage Foundation, 2001.

CARDOSO, Vinícius Carvalho; ALVAREZ, Roberto dos Reis; CAULLIRAUX, Heitor Mansur. Gestão de Competências em Redes de Organizações: discussões teóricas e metodológicas acerca da problemática envolvida em projetos de implantação. In: *Anais do XXV Enanpad*. Rio de Janeiro: Associação Nacional dos Programas de Pós-graduação em Administração (ANPAD), 2002. CD-ROM.

CASTELLS, Manuel. *A Sociedade em Rede*. (A era da informação, economia, sociedade e cultura: v.1). São Paulo: Paz e Terra, 1999.

HANEMANN, Robert A. *Introduction to Social Network Methods*. Califórinia: University of California, Department of Sociology. Disponível em: <http://www.hsr.umn.edu/fac_pages/dwholey/CNET/Net_Text/c6central.html> Acesso em: 26 abr. 2003.

KREBS, Valdis. Managing Core Competencies of the Corporation. In: *The Advisory Board Company*. Organizational Network Mapping. The Advisory Board Company, 1996. Disponível em: <www.orgnet.com/orgnetmap.pdf> Acesso em: 14 mar. 2003.

MARTELETO, Regina Maria. Análise de Redes Sociais: aplicação nos estudos de transferência da informação. *Ciência da Informação*, Brasília: Instituto Brasileiro de Informação em Ciência e Tecnologia (Ibict), v.30, jan./abr. 2001.

MOODY, James. *An Introduction to Social Network Analysis*. Ohio: Department of Sociology The Ohio State University. Disponível em: <http://eclectic.ss.uci.edu/~drwhite/White_EMCSR.PDF> Acesso em 25 abr. 2003.

PECI, Alketa. Pensar e Agir em Rede: implicações na gestão das políticas públicas. *Anais do XXIV Enanpad*. Rio de Janeiro: Associação Nacional dos Programas de Pós-graduação em Administração (ANPAD), 2000. CD-ROM.

SCOTT, John. *Social Netwok Analysis:* a handbook. London: SAGE Publitations, 1992.

WASSERMAN, Stanley; FAUST, Katherine. *Social Network Analysis*: methods and applications. 4 ed. Cambridge: Cambridge University Press, 1999.

ZACK, Michael H. Researching Organizational Systems Using Social Network Analysis. *Proceedings of the* 33rd *Hawai'i International Conference on System Sciences*. Maui, Hawai'i, January, 2000. Disponível em: <http://web.cba.neu.edu/~mzack/articles/socnet/ socnet.htm> Acesso em: 24 mar. 2003.

redes virais: viroses biológicas, computacionais e de mercado

[Jeffrey Boase e Barry Wellman]

Este capítulo analisa[1] a transmissão de vírus biológicos, computacionais e de mercado. A despeito de diferenças entre esses três tipos de vírus, as estruturas em rede afetam a sua disseminação de modo similar. A partir da distinção entre duas formas de redes – densamente conectadas e ramificadas – demonstramos que vírus biológicos, computacionais e de mercado se comportam de modo similar dependendo da estrutura formal da rede. Redes densamente conectadas promovem a rápida disseminação de um vírus e aumentam a probabilidade de que muitos dos membros serão afetados. Redes ramificadas

1 Nós agradecemos as contribuições de Alden Klovdahl e Martina Morris com respeito aos vírus biológicos; Danyel Fisher e Douglas Tygar com respeito aos vírus computacionais; e Eszter Hargittai, Valdis Krebs, Bill Richards, Emmanuel Rosen, Patrick Thoburn e Matthew Stradiotto com respeito aos vírus de mercado.

permitem a ampla disseminação viral, passando por diferentes meios. Finalmente, a transmissão de vírus no mundo real envolve uma combinação de redes densas e ramificadas, ao que chamamos "glocalização"*.

Desenvolvimento de Vírus em Redes

Na passagem do século vinte para o século vinte e um, aos vírus biológicos somaram-se outros dois tipos: vírus computacionais e vírus de mercado. Nesse sentido, questionamos se há similaridades entre estes três tipos de vírus, além dos termos em comum relacionados aos seus nomes.

Todos os três tipos de vírus dependem das redes muito mais para sua disseminação do que para seu crescimento local. Um vírus é disseminado por meio de contato, seja ele premeditado ou ocasional. Sem a intermediação das redes, os vírus viveriam solitariamente sem afetar a ninguém, exceto aos seus hospedeiros originais. Por exemplo, vírus biológicos não surgem dos assentos sanitários: eles são transmitidos de pessoa-a-pessoa (ou pelo menos de espécies para espécies). Vírus computacionais quase sempre fluem por meio da intervenção de seres humanos. Vírus de mercado, como, por exemplo, quando Harry diz a Sally** qual *cool brand**** comprar ou a qual abaixo-assinado da internet assinar, é fundamental e conscientemente um produto da relação

* Tradução do original; *glocalization*, palavra composta a partir dos vocábulos originais *globalization* e *local*. (N. da T.)

** Referência ao filme *Harry e Saly* (1989), dirigido por Rob Reiner e estrelado por Billy Crystal e Meg Ryan. (N. da T.)

*** *Cool brands* são marcas que se tornaram extremamente desejáveis e possuem uma "aura" de bom gosto ou estilo em torno de si mesmas. (N. da T)

pessoa-a-pessoa que está em jogo. Mesmo em suas formas mais frágeis, os vírus de mercado são observáveis, como, por exemplo, quando um estudante de ensino médio observa um astro do esporte vestindo uma roupa de determinada marca.

Da mesma forma como ocorre com os diferentes tipos de vírus, as redes de vírus biológicos, computacionais e de mercado diferem entre si. Uma similaridade entre essas redes é a relação entre crescimento na freqüência de contatos e a probabilidade de "capturar" um vírus. Outra similaridade é que, em redes densamente conectadas, há aumento na velocidade de transmissão viral ao mesmo tempo em que diminui a probabilidade de transmissão do vírus para outras redes. Por outro lado, os vírus tendem a disseminarem-se mais lentamente em redes esparsamente conectadas, embora, neste caso, sejam, em última análise, transmitidos mais amplamente para novos ambientes. Nós examinamos aqui todos os três tipos de vírus – biológicos, computacionais e de mercado – em suas similaridades e diferenças. Estamos especialmente interessados em examinar de que forma diferentes tipos de redes afetam a forma como tais tipos de vírus operam.

Antes de comparar os três tipos de vírus de acordo com as estruturas de rede, nós iniciamos pelo cotejo entre eles:

VÍRUS BIOLÓGICOS: são os tipos de vírus mais profundamente estudados dentre os três. Note que nos referimos aqui a vírus e bactérias, simultaneamente, mas conservamos a terminologia "vírus biológicos" para preservar o conceito literário que estrutura este trabalho. A maior parte dos vírus biológicos necessita de contato com seres humanos ou outros animais para serem transmitidos, embora alguns tipos possam ser transmitidos indiretamente por intermédio de mediação humana (guerra biológica ou ração animal contaminada). Transmissor e receptor devem estar próximos entre si, mas não precisam ter qualquer tipo de contato social (ver Tabela 1). A necessidade de contato ou proximidade social significa que a velocidade de transmissão desse tipo de vírus é lenta. Em muitos casos, os mais jovens são os mais vulneráveis.

Vírus biológicos são, freqüentemente, mutantes. A prevenção de sua disseminação envolve isolamento físico. Rastrear a propagação desse tipo de vírus é difícil, e a erradicação e a cura são acompanhadas de grande dificuldade para profissionais da saúde. A prevalência de ampla disseminação viral pode gerar conseqüências significativas de segunda ordem, tais como a debilitação de toda uma população por causa da doença e o desejo de indivíduos aparentemente saudáveis de abandonar a área infectada e a quarentena.

VÍRUS COMPUTACIONAIS: são produzidos deliberadamente por *hackers* ou especialistas em ciberguerra. São geralmente transmitidos pela internet, embora o compartilhamento de arquivos seja outro vetor equivalente ao compartilhamento de seringas no caso dos vírus biológicos. Da mesma forma, como no caso dos vírus biológicos, a transmissão ocorre sem que haja intenção deliberada humana (após a criação inicial).

Transmissor e receptor não precisam estar fisicamente próximos entre si, mas devem ter conexões comunicacionais, em sua forma mais típica representada pela internet. O transmissor deve ter, no mínimo, acesso ao endereço eletrônico do receptor. Em muitos casos, os laços sociais são vetores de transmissão. Amigos e conhecidos infectam outros amigos inadvertidamente por meio do envio de vírus ocultos anexados a arquivos: amigos fortemente conectados são especialmente vulneráveis a esse tipo de transmissão viral, porque mantêm contato mais freqüente. Em outros casos, o vírus é capaz de vasculhar e saquear endereços disponíveis na caixa postal do hospedeiro: quanto maior o número de elos fracos nessas caixas postais eletrônicas, maior o número de conhecidos que serão infectados, em comparação à quantidade de amigos mais próximos.

Crianças e adolescentes são provavelmente mais vulneráveis em função de sua relutância, em geral, a tomar medidas preventivas. E embora se possa pensar que executivos são menos vulneráveis, por estarem protegidos por unidades de tecnologia da informação bem organizadas, grandes organizações têm sofrido repetidos ataques virais em conseqüência de sua dependência do Microsoft Outlook, *software* de leitura e envio de *e-mails*, um alvo favorito dos *hackers*[2].

Vírus computacionais são transmitidos em alta velocidade. O vírus Nimda se espalhou tão rapidamente que a administração de New Brunswick (Canadá) precisou desligar seu sistema de computadores por um dia, 19 de setembro de 2001, e utilizar técnicas ultrapassadas. "Nós estamos usando telefones; nós estamos datilografando; nós estamos realizando uma série de negócios pessoalmente ou via fax", disse Susan Shalala[3] do Departamento de Recursos e Serviços. Os vírus sofrem mutações rapidamente, na medida em que os *hackers* obtêm acesso ao vírus original e utilizam *script kits*, ou pacotes de *scripts*, para modificá-los. Problemas com vírus computacionais têm gerado, por si só, a criação de grandes empresas encarregadas de soluções antivirais (por exemplo, www.symantec.com). Medidas antivirais incluem programas de interceptação, reconhecimento e neutralização de vírus no momento em que entram em um sistema, rastreando o caminho inverso de modo a identificar a origem do vírus.

2 P. A. Taylor, *Hackers*.

3 Web Worm Forces N. B. Government to Turn Off Computers, Turn to Typewriters, *Canadian Press*.

As conseqüências sociais de um ataque viral variam do incômodo em manter programas antivírus atualizados e *backups*, passando pelas dificuldades pessoais decorrentes da perda de informações do disco rígido, chegando a sérias perturbações na ordem organizacional. A incrustação da internet nas atividades diárias significa que ataques amplamente generalizados ou estrategicamente direcionados podem causar paralisação social e isolamento socioeconômico de unidades da sociedade.

VÍRUS DE MERCADO: embora exista na prática há milênios, o vírus de marketing – às vezes também chamado de *buzz marketing* ou ruído de marketing – é o tipo de vírus mais recentemente reconhecido. O vírus de mercado se refere ao marketing boca-a-boca de produtos ou serviços. Já existia nos tempos bíblicos, como quando Jesus disse a seus discípulos: "Ide por todo o mundo e pregai o Evangelho a toda a criatura" (Marcos 16:15). Ao contrário do que ocorre com os outros tipos de vírus, as pessoas tendem a recebê-lo bem, porque o vírus de mercado carrega consigo nova informação, uma chance de sentimento de aceitação social, reconhecimento e estar na "última moda". Embora essa forma de marketing tenda a ser reconhecida apenas superficialmente, por causa da dificuldade de rastreamento, a informação transmitida boca-a-boca pode criar ou bloquear qualquer tipo de produto, a despeito da propaganda formal[4].

A idéia de aplicar comercialmente campanhas de marketing viral não foi introduzida até os anos de 1940[5], e as empresas raramente a escolhem como estratégia primária de publicidade. A difusão pode ocorrer através de elos fortes confiáveis em suas opiniões, ou através de elos fracos que observam as "assinaturas anexadas a mensagens". Mas os vírus também podem

4 E. Rosen, *The Anatomy of Buzz*.
5 Idem.

ser disseminados através da observação de modelos fisicamente aproximados/ "líderes inspiracionais", tais como as estrelas de equipes esportivas[6]. Dessa forma, disponibiliza-se informação necessária ou desejada de forma flexível e a baixo custo. A natureza interpessoal do vírus de mercado significa que transporta informação mais precisa e eficientemente do que a mídia de massa, em especial no sentido de atingir as pessoas com maior probabilidade de desejar aquela informação.

Nos anos de 1950, Elihu Katz e Paul Lazarsfeld criaram o clássico conceito do "fluxo de comunicação em dois níveis"[7]: comunicação persuasiva difundida através da mídia de massa (nível 1) e interpretada por formadores de opinião por meio de seus relacionamentos interpessoais (nível 2). Em *Medical Innovation: a difusion study* , James Coleman, Elihu Katz e Herbert Menzel demonstraram de que forma o conhecimento sobre drogas é disseminado informalmente entre os médicos. Eles encontraram um efeito bola-de-neve no qual médicos privilegiadamente conectados agem como adotantes primários e, então, influenciam não-adotantes.

Um campo de estudo formou-se rapidamente: "a difusão da informação"[8]. É provável que os maiores proponentes tenham sido administradores públicos de saúde, os quais se sentiram persuadidos a acreditar que informações a respeito de contracepção eram mais eficientemente transmitidas no Terceiro Mundo por meio de elos interpessoais[9]. Pode-se dizer

6 P. Thorburn, *Personal Communication.*

7 *Personal Influence:* the part played by people in the flow of mass communications.

8 E. Rogers, *Diffusion of Innovations*; E. Rogers; D. L. Kincaid, *Communication Networks.*

9 T. W. Valente, *Network Models of the Diffusion of Innovation*; T. W. Valente et. al., Social Network Associations with Contraceptive Use Among Cameroonian Women in Voluntary Associations, em *Social Science and Medicine*, p. 677-687

que, nesses casos, o vírus de mercado é utilizado para combater vírus biológicos. Ainda, as formas mais extensivas de aplicação do vírus de mercado não têm ocorrido na prevenção de doenças, senão na promoção das diversas formas de contracepção.

A internet trouxe consigo suas próprias formas inovadoras de marketing viral, porque a tecnologia facilitou a transmissão de mensagens – para um ou centenas de amigos próximos. Vírus de mercado baseados em sistemas computacionais adquirem diversas formas:

1. Há circulação consciente de petições ou formas similares de apelos a determinadas causas. Por exemplo, um abaixo-assinado para a Organizações das Nações Unidas (ONU) no sentido de investigar uma possível fraude no processo eleitoral para presidente dos Estados Unidos da América. Recebemos petições similares por diversas vezes no mês passado e por muitas vezes na década passada.

2. Há retransmissão de rumores ou piadas. Muitas pessoas, por exemplo, mantêm "listas de piadas" que circulam mensagens supostamente humorísticas por períodos curtos ou longos. Por exemplo, um de nós recebeu vinte e sete vezes nos últimos oito anos uma mensagem sobre uma história a respeito da receita de biscoitos de Neiman Marcus.

3. Tem ocorrido considerável sucesso em disseminação de vírus de mercado latente por meio de banners em *e-mails*. Por exemplo, alguns serviços de provedores de internet tais como Hotmail ou Yahoo oferecem *e-mail* gratuito aos usuários que concordam em adicionar uma frase a cada um de seus *e-mails* enviados dizendo ao receptor que podem obter *e-mail* gratuito em http://explorer.msn.com. Nós comentaremos sobre isso mais tarde.

4. Há um movimento atual de uso da internet como veículo promocional para a indústria de jogos de computador. "Muitos

dos novos jogos são virais, o que significa que eles permitem aos jogadores disseminarem os jogos para seus amigos, via *e-mail*"[10].

Vírus como Redes Sociais: Grupos Densamente Conectados e Redes Ramificadas

A disseminação de viroses é influenciada ao mesmo tempo pela natureza das relações interpessoais e pela composição e estrutura das redes interpessoais às quais estes elos pertencem. A análise de redes sociais tem desenvolvido conceitos e procedimentos para análise dessas redes[11]. Nós utilizamos a abordagem de redes sociais aqui para comparar as similaridades e diferenças nas formas de elos e redes que influenciam o movimento de viroses biológicas, computacionais ou de mercado. Desse modo, mostramos de que forma a estrutura das redes sociais – o padrão de relacionamentos que conectam as pessoas e seus computadores – tem importantes conseqüências para a disseminação de viroses: o quanto da população está infectada e o quão rápido essa infecção se instala.

Há dois arquétipos estruturais. Em grupos densamente conectados, a maior parte dos membros conhece uns aos outros, os contatos entre os membros são freqüentes, mas são poucos

10 M. Marriott, Playing with Consumers, *New York Times*.

11 P. V. Marsden; E. O. Laumann, Mathematic al Ideas in Social Structural Analysis, *Journal of Mathematical Sociology*, p. 271-294; S. Wasserman; K. Faust, *Social Network Analysis*: methods and applications; B. Wellman, An Electronic Group is Virtually a Social Network, em S. Kiesler (ed.), *Culture of the Internet*, p. 179-205; B. Wellman; S. D. Berkowitz, Introduction: studying social structures, em B. Wellman; S. D. Berkowitz (eds.), *Social Structures:* a network approach, p. 1-15; L. Garton et al., Studying Online Social Networks, *Journal of Computer Mediated Communication*.

os contatos com membros externos à rede (Figura 1). Em termos de análise de redes, tais grupos são densamente conectados e fortemente limitados[12]. Por outro lado, em redes ramificadas, poucos membros possuem contato entre si, e grande parte das interações ocorrem com elementos exteriores à rede (*outsiders*). Essas redes são esparsamente conectadas e frouxamente limitadas. A realidade, é claro, geralmente ocorre em um *continuum* localizado entre esses arquétipos. Um tipo comumente encontrado em sociedades contemporâneas é a glocalização: *clusters* densamente conectados de relacionamentos (em geral em casa, no trabalho ou com parentes) que também mantêm elos ramificados com outras pessoas e grupos[13]. Para fins de maior clareza, nos concentramos aqui em dois tipos ideais: grupos densamente conectados e redes ramificadas.

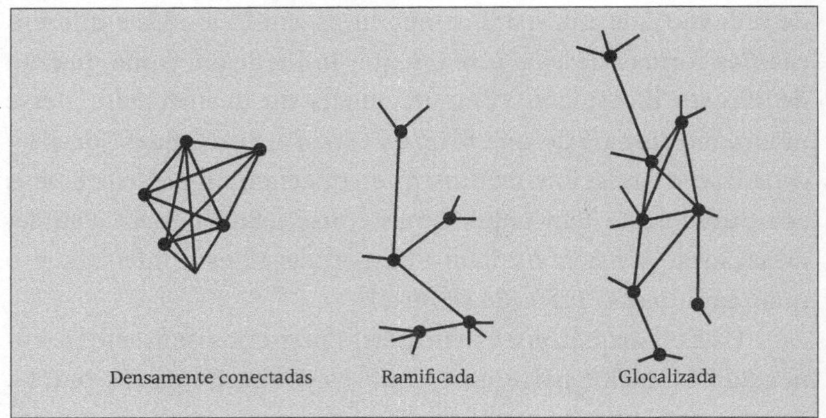

Fig. 1

12 L. Garton et al., op. cit.; B. Wellman, An Electronic Group is Virtually a Social Network, em S. Kiesler (ed.), op. cit.

13 B. Wellman, From Little Boxes To Loosely Bounded Networks: the privatization and domestication of community, *Sociology for the Twenty-First Century: Communities and Cutting Edges*; K. Hampton, *Living the Wired Life in the Wired Suburb*: netville, glocalization and civil society.

Grupos densamente conectados

Um vírus pode se mover rapidamente no interior de uma rede densamente conectada, porque quase todo membro possui contatos freqüentes com os outros membros. Isso é verdade para quase todo tipo de vírus. Grupos densamente conectados permitem que haja um tipo de sinergia, de forma que cada membro em particular está exposto ao vírus devido ao contato freqüente com os outros membros do grupo e, por outro lado, cada membro expõe e re-expõe outros membros do grupo ao mesmo vírus.

"Homofilia", unindo pessoas com características similares[14], aumenta a probabilidade de que viroses biológicas, computacionais ou de mercado sejam disseminadas mais rapidamente em um grupo densamente conectado. As pessoas em um grupo densamente conectado não estão apenas em contato direto entre si, mas também tendem a compartilhar de características em comum, tais como status socioeconômico, gostos ou atitudes[15]. Elas apresentam, ainda, uma influência mútua considerável sobre as decisões individuais[16]. Esse fenômeno aumenta a possibilidade de que elas apresentarão padrões de comportamento similar e também estarão expostas ao mesmo tipo de vírus.

Viroses biológicas: Considere-se de que forma a Síndrome da Imunodeficiência Adquirida (AIDS) disseminou-se na região portuária de São Francisco em função do tipo de sinergia de

14 J. M. McPherson; L. Smith-Lovin, Homophily in Voluntary Organizations, *American Sociological Review*, p. 370-379; J. M. McPherson et al., Birds of a Feather: homophily in social networks, *Annual Review of Sociology*, p. 415-444.

15 B. H. Erickson, The Relational Basis of Attitudes, em B. Wellman; S.D. Berkowitz (eds.), op. cit.; S. Feld, The Focused Organization of Social Ties, *American Journal of Sociology*, p. 1015-1035 e Social Structural Determinants of Similarity among Associates, *American Sociological Review*, p. 797-801.

16 R. Cross et al., Beyond Answers: dimensions of the advice network, *Social Networks*, p. 215-235.

grupo presente entre o final dos anos de 1970 e início dos anos 80. Nessa época, a comunidade gay formava um grupo densamente conectado e a prática de sexo desprotegido era freqüente entre seus membros. A ideologia da liberdade sexual na forma de múltiplos parceiros e a estrutura relativamente fechada do sistema social significa que havia constante sobreposição entre os parceiros sexuais[17]. Essa sobreposição causou a rápida disseminação do vírus dentro do grupo.

Viroses computacionais: existem razões para se acreditar que viroses computacionais disseminam-se em grupos densamente conectados de forma similar à virose biológica. Um vírus computacional é um arquivo que possui a capacidade de anexar-se a si mesmo a outros arquivos[18]. Uma vez que os arquivos tenham sido alterados, eles carregarão consigo uma lista de instruções chamada protocolo. Se um vírus permanece latente até uma determinada data ou até a ocorrência de um evento catalisador, é chamado de "troiano", uma menção à lenda grega do Cavalo de Tróia.

Tanto a virose do tipo biológica quanto a computacional obterá mais sucesso em sua disseminação se não houver uma rápida destruição de seu hospedeiro. Esse é o chamado "fator viscosidade"[19]. Um hospedeiro permitirá uma melhor disseminação viral em relação a outros computadores antes de ser pego por outra pessoa ou por outro computador, conseguir autoreplicar-se e continuar o processo de migração. Se um vírus não conseguir executar um protocolo por causa de um *software* incompatível, então não adere ao computador. Se ele não adere, não tem a oportunidade de espalhar-se. Essa é a razão pela qual um vírus que não apaga completamente o disco rígido

17 G. Rotello, *Sexual Ecology*.
18 R. Aunger, *The Electric Meme*.
19 M. Gladwell, *The Tipping Point*, p. 200.

de um computador consegue se disseminar mais amplamente. Deixando a maior parte do sistema operacional intacta, o vírus consegue disseminar a si mesmo para um número maior de computadores. Foi esse o caso do SirCam[20], que permaneceu latente até 16 de outubro de 2001. Nesta data, o vírus "acordou" e apagou discos rígidos ou, em outros casos, entupiu-lhes de lixo eletrônico. SirCam era o vírus mais amplamente disseminado em julho, tendo infectado muitos sistemas de computadores do FBI[21].

Antes do compartilhamento de arquivos via internet se tornar popular, as viroses computacionais eram transmitidas de computador para computador, geralmente, através de disquetes flexíveis. Não é surpresa, portanto, que grupos acostumados a trocar disquetes compartilhem os mesmos tipos de vírus. Se Mônica, Uyen e Uzma estão trabalhando simultaneamente em diferentes partes de um projeto de pesquisa, por exemplo, um vírus do computador de Mônica pode ser transmitido para o computador de Uyen quando ela compartilha com ele seu formulário de análise do projeto. De forma similar ao que ocorre na transmissão viral biológica, a sobreposição de contatos aumenta a exposição ao vírus. As chances de Uzma contrair o mesmo vírus em seu computador dobra se tanto Mônica quanto Uyen já estiverem infectados.

Hoje, as viroses entre computadores são quase sempre transmitidas via correio eletrônico. As viroses contemporâneas não precisam esperar até que haja contato entre duas pessoas, como ocorria antigamente. Muitas viroses são desenvolvidas de forma que se tornam capazes de acessar a lista de endereços eletrônicos de um usuário infectado e transmitir-se por meio de mensagens a toda a lista. Por exemplo, o vírus SirCam não sabe

20 R. Vamosi, SirCam Worm is Now a Worldwide Epidemic, em www.excite.com.
21 M. Dlunginski, Worms that Won't Let Go, *PC Magazine*, p. 30.

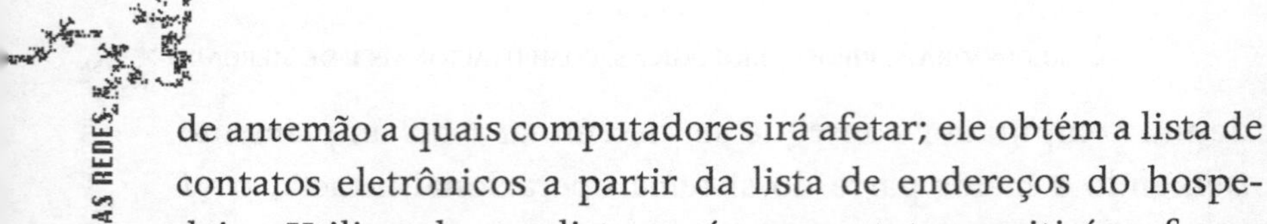

de antemão a quais computadores irá afetar; ele obtém a lista de contatos eletrônicos a partir da lista de endereços do hospedeiro. Utilizando essa lista, o vírus se autotransmitirá na forma de um arquivo anexado às mensagens. Se o destinatário abrir o arquivo, o ciclo se repetirá[22].

Membros em grupos densamente conectados estarão especialmente abertos à sinergia resultante. Isso significa que, mesmo se uma pequena quantidade de pessoas no grupo possuir o vírus, todos os integrantes do grupo receberão o vírus através de mensagens eletrônicas por diversas vezes. Quanto maior a quantidade de conexões entre os integrantes, na forma de endereços de *e-mail*, maior a probabilidade de que outras pessoas do grupo abrirão a mensagem e a reenviarão ao grupo novamente. Considere, por exemplo, uma lista de endereços de uma pessoa que está envolvida somente em um grupo densamente conectado de seis pessoas. Todas as pessoas do grupo se conhecem, e todas têm os *e-mails* de todos os integrantes. Se apenas um membro do grupo tiver um vírus, este utilizará a lista de endereços dessa pessoa para enviar a si mesmo para todos os outros integrantes do grupo. Dessa forma, o vírus desencadeará uma reação em cadeia, na qual cada pessoa do grupo receberá o mesmo vírus cinco vezes. Mesmo se cada pessoa do grupo capturar o vírus com um sistema de proteção, cada pessoa, ainda assim, receberá o mesmo vírus outras quatro vezes. Em computadores, assim como em seres vivos, sobreposição de contatos entre membros do grupo permite a rápida disseminação viral dentro do grupo.

Até hoje, o vírus Código Vermelho II, de agosto de 2001, é considerado o mais destrutivo dos vírus já desenvolvidos. Código Vermelho II foi desenvolvido para usar a ajuda da ho-

22 S. Johnston, Mystery Mail Sir Cam, I Presume?, *New Yorker*, p. 27-28.

mofilia em sua própria disseminação. Conforme Valdis Krebs explicou em sua lista de discussão a respeito de Análise de Redes Sociais[23], o vírus "persegue *clusters* de sistemas vizinhos, ciente de que bolsas de endereços de internet freqüentemente usarão os mesmos *softwares*. Como pássaros voando em bando são os servidores rodando os mesmos sistemas operacionais". O acesso a *softwares* compartilhados permite que o Código Vermelho II utilize apenas um simples protocolo. Este protocolo pode tirar vantagem da fraqueza de um sistema, e então disseminar-se através de redes de computadores com sistemas similares[24]. Em função dessa similaridade entre os sistemas ser bastante provável em redes densas, a sinergia resultante aumenta a taxa de infecção.

Houve rumores de que o Código Vermelho "era parte de um grande esquema orquestrado pela máfia russa para realizar roubos eletrônicos em bancos durante a confusão causada pelo vírus"[25]. A descoberta do vírus Nimda exatamente uma semana após o ataque de 11 de setembro ao World Trade Center e ao Pentágono incitou o temor de que o vírus fosse a próxima fase do ataque.

Viroses de mercado: no caso da virose de mercado, grupos densamente conectados levariam ao desenvolvimento de modismos entre um pequeno grupo de pessoas. O modismo seria persistente, por causa do mútuo reforço, mas não se espalharia mais amplamente.

A homofilia é importante na tentativa de entender o marketing viral. As pessoas integrantes desses grupos são propensas a comprar produtos similares, porque possuem gostos

23 V. Krebs, Social Life of Servers, *SocNet listserve*.
24 R. Aunger, op. cit.
25 J. Dvorak, Inside Track, *PC Magazine*, p. 71.

similares[26]. Uma vez que algo tenha sido introduzido dentro de um grupo densamente conectado, todas as pessoas do grupo descobrirão a respeito rapidamente[27]. Além disso, essas pessoas são propensas a comprar o mesmo produto. Conforme comenta Emanuel Rosen, esse fenômeno pode apresentar conseqüências positivas ou negativas para um fabricante. Se um determinado produto é aceito em um grupo desse tipo, então o fabricante provavelmente manterá sua participação de mercado. Entretanto, se o produto não for aceito, o fabricante terá grande dificuldade de penetração no mercado.

Um produto que requeira parceiros de uso pode alcançar grande aceitação dentro de um grupo densamente conectado quando uma quantidade considerável de pessoas passa a utilizá-lo. Tais "externalidades de rede" ocorrem quando um produto se torna mais valioso na medida em que mais pessoas passam a usá-lo[28]. Por exemplo, o PayPal facilita a transferência de dinheiro eletrônico para compras na internet. Para usar o PayPal, ambas as partes envolvidas na transação devem possuir contas. Uma vez que os membros de um grupo densamente conectado esteja usando o PayPal, outros membros do grupo tenderão a utilizá-lo também, em função da simplicidade[29].

O videogame Pox também usa esse mesmo princípio. O jogo opera de modo que permite aos usuários combater os outros participantes dentro de um raio de alguns metros[30]. Uma vez que alguns adolescentes possuam o jogo, outros do mesmo

26 E. Rosen, op. cit.

27 E. Rogers, *Diffusion of Innovations*.

28 E. Haruvy; P. Ashutosh, Optimal Freeware Quality in the Presence of Network Externalities: an evolutionary game theoretical approach, *Journal of Evolutionary Economics*, p. 231-248; L. Van Hove, Electronic Money and the Network Externalities Theory: lessons for real life, *Netnomics*, p. 137-171.

29 S. Bodow, The Money Shot, *Wired*, p. 86-87; L. Van Hove, op. cit.

30 J. Tierney, Electronic Game Maker Lets Kids Do Their Marketing for Them, *New York Times*; J. Heinzl, Pssst... Wanna Buy a Toy?, *Toronto Globe and Mail*.

grupo passam a vê-los jogar e desejam participar também. Da mesma forma como ocorre para viroses computacionais e biológicas, uma vez que o acesso a uma rede densamente conectada seja obtido, o vírus de mercado infeta muitos dos seus membros rapidamente.

O telefone e a internet são exemplos clássicos de como as estruturas em rede afetam os fluxos de informação. Considerando-se que tanto o telefone quanto a internet são inúteis, a menos que outros equipamentos estejam conectados, a padronização universal permite a conectividade global. Por outro lado, a Microsoft e a AOL possuem padrões competitivos de mensagem instantânea. Os dois sistemas são mutuamente incompatíveis, portanto as pessoas integrantes de grupos densamente conectados são forçadas a adotar o produto de uma ou outra empresa, em contraste com a variedade de marcas de computadores pessoais que provavelmente possuem.

Redes ramificadas

Se um vírus fosse transmissível apenas em redes densamente conectadas, então permaneceria isolado e não seria disseminado em larga escala. Redes ramificadas não disseminam viroses tão completamente dentro de uma determinada população quanto as redes densamente conectadas. Porém, estes tipos de redes alcançam populações heterogêneas de forma mais ampla. As viroses se espalham através de uma população em uma curva que cresce rapidamente na medida em que se move em direção a novos círculos sociais. Finalmente, a curva de difusão se nivela na medida em que amigos de amigos já estavam previamente infectados por vetores mais próximos de suas redes sociais[31].

31 A. Rapoport; Y. Yuan, Some Aspects of Epidemics and Social Nets, em M. Kochen (ed.), *The Small World*, p. 327-328.

"Buracos estruturais"[32] entre grupos distintos estão repletos de pessoas que são conectadas a um ou mais grupos. Esses *gatekeepers* ou pontes (*brokers*) são os meios pelos quais um vírus se espalha ao longo de redes ramificadas. Através do uso dessas pontes – indivíduos que pertencem a múltiplos e diferentes grupos e, portanto, conectam esses grupos –, um vírus pode viajar entre os grupos e se espalhar para uma população inteira. Freqüentemente, aquelas pessoas que conectam dois grupos possuem "elos fracos" com membros de ambos os grupos. Enquanto elos fortes permanecem no interior dos grupos e, portanto, circulam a mesma informação e as mesmas viroses[33]; elos fracos são mais propensos a apresentar características sociais diferentes dos membros centrais de um grupo[34]. Portanto, elos fracos apresentam maior probabilidade de disseminar um vírus a novos ambientes sociais.

VIROSES BIOLÓGICAS: com respeito ao vírus HIV, responsável pelo desenvolvimento da AIDS, os indivíduos que desempenharam o papel de pontes, incluíram homens sexualmente ativos que praticavam sexo fora de seus próprios grupos. Esses *outsiders* trouxeram o vírus para dentro de seus grupos, o que eventualmente levou à emergência do HIV na população mais ampla[35]. Um exemplo mais recente é a epidemia de sífilis em Baltimore durante meados dos anos de 1990; Embora a doença fosse ainda recorrente nas populações de baixa renda dos projetos habitacionais de leste e oeste de Baltimore, se espalhou para a cidade quando esses projetos residenciais acabaram e seus residentes

32 R. S. Burt, *Structural Holes*: the social structure of competition.

33 M. Granovetter, The Strength of Weak Ties: a network theory revisited, *Social Structure and Network Analysis*, p. 105-130.

34 S. Feld, The Focused Organization of Social Ties, op. cit.

35 G. Rotello, op. cit.

foram levados a outras partes da cidade. Essa migração para diferentes partes da cidade causou um crescimento nos contatos sexuais dessas pessoas com os antigos residentes, dispersando o vírus por toda a cidade[36].

VIROSES COMPUTACIONAIS: assim como a disseminação de viroses biológicas depende de padrões de contato entre redes sociais, a disseminação de viroses computacionais depende de como os computadores estão ligados em rede, ou conectados entre si. Um vírus de computador se espalha de forma diferente em redes localmente distribuídas (Local Area Networks – LANs) e em redes amplamente distribuídas (Wide Area Networks – WANs). LANs possuem a habilidade de compartilhar arquivos chamados *broadcast packets* com todos os computadores da rede. Se um computador está infectado, então é provável que todos os computadores daquela rede possuam o vírus que foi enviado na forma de um *broadcast packet*. Essa é uma versão extrema de rede densamente conectada, porque todos os computadores estão conectados e se comunicam entre si. De forma oposta, WANs possuem um "rastreador" dedicado que separa todos os arquivos que foram enviados e os direciona ao seu destino específico. Isso significa que um vírus pode ser capturado isoladamente antes de ser transmitido a toda a rede de computadores.

A forma como os computadores estão conectados é apenas um dos aspectos envolvidos na disseminação viral. Um vírus pode se espalhar através de *e-mail* utilizando-se de indivíduos bem conectados tais como as pontes. Vide a forma como viroses de computador, tais como o SirCam, possuem a habilidade de ler listas de endereços de caixas de correio eletrônico e enviar mensagens carregando vírus àqueles listados nessas caixas.

36 J. Potteratt, Gonorrhea as a Social Disease, *Sexually Transmitted Disease*, p. 120-134; M. Gladwell, op. cit.

Pessoas que estão conectadas apenas a um ou dois grupos densamente conectados estão altamente expostas ao risco de receber um vírus comum àqueles grupos em particular. Entretanto, as pontes possuem um problema adicional, o de estarem expostas a uma variedade eclética de viroses provenientes de muitos grupos diferentes aos quais estão envolvidos. Isso significa que eles são os indivíduos mais propensos a introduzir um novo vírus em um grupo.

Por exemplo, vamos imaginar que um dos membros de um grupo de pessoas é uma ponte. Esse indivíduo está conectado a outros grupos densamente conectados de dez pessoas cada. No pior cenário possível, o indivíduo receberia o vírus cinco vezes de cada grupo. Cada vez que esse indivíduo enviasse o vírus para outros grupos de dez pessoas, o vírus teria sido enviado cinqüenta vezes. A ponte também estaria exposta ao risco adicional de receber o vírus dos outros grupos. Portanto, não somente a ponte receberia e enviaria mais viroses que as pessoas que pertencem a apenas um dos grupos, mas também teria o risco adicional de enviar ou receber novas e diferentes viroses. Não é difícil perceber porque as pontes desempenham papéis de proeminência na disseminação de um vírus a maiores e mais amplas distâncias.

VIROSES DE MERCADO: em função do poder amplificador da internet sobre os efeitos do marketing viral, esse meio aumenta a velocidade de proliferação do "ruído" através de diferentes grupos. Os elos fracos desempenham um papel-chave na disseminação do vírus boca-a-boca entre redes ramificadas, porque a internet permite que as pessoas mantenham seus elos fracos ativos com pouco esforço. Em vez de conectar os elos fracos por meio do telefone, as pessoas podem usar *e-mail* para enviar uma rápida informação a uma lista de pessoas de tamanho considerável. Considerando-se que uma nova informação freqüentemente vem de elos fracos socialmente heterogêneos, já existe ampla evidência a respeito da utilidade dos elos fracos na disseminação de nova informação na internet[37]. Por exemplo, a cantora Alanis Morissette acredita que o compartilhamento de arquivos por meio de programas como o Napster pode ampliar a exposição de músicos. Em suas próprias palavras, "Mp3.com, Napster e outras empresas semelhantes estabeleceram uma conexão entre o artista e sua audiência que sugere um mundo sem fronteiras"[38].

Profissionais de marketing nos disseram que o marketing viral tem sido usado especialmente na persuasão de adolescentes em torno da adoção de novas tendências. Por exemplo, uma empresa de calçados esportivos contratou uma empresa especializada em marketing viral para identificar pessoas de destaque social admiradas por estudantes do ensino médio. Esses "líderes inspiradores" (*aspirational leaders*, na linguagem do marketing) presenteavam líderes entre os adolescentes com sapatos gratuitos. Na medida em que esses adolescentes usavam os sapatos e falavam a respeito deles, criavam uma demanda persuasiva em torno do produto.

O serviço gratuito de correio eletrônico, Hotmail (e outros similares tais como Juno ou Yahoo), utilizam o marketing viral com sucesso para promover seus serviços. Em troca dos serviços gratuitos Hotmail, os usuários devem concordar em ter uma mensagem adicionada ao final de todas as suas mensagens: "Adquira o seu *download* GRATUITO do MSN Explorer em http://explorer.msn.com". Dois meses após o seu lançamento,

37 B. Wellman; M. Gulia, Net- Surfers Don't Ride Alone: virtual communities as communities, em B. Wellman (ed.), *Networks in the Global Village:* life in contemporary communities, p. 331-336.

38 Alanis Has the Answer..., *Toronto Computes!*, p. 26.

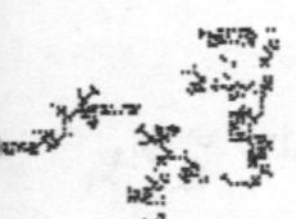

o Hotmail já tinha atingido mais de cem mil usuários registrados[39]. Suas mensagens – além dos anúncios publicitários adicionados nas telas do Hotmail – atingem todos os membros em suas redes ramificadas, tanto pessoas mais íntimas quanto outras mais distantes. O marketing viral, portanto, é utilizado para anunciar o serviço do Hotmail sem que seja necessária qualquer ação por parte do remetente da mensagem. Além disso, há um efeito de modelagem: Harry, o destinatário, observa que Sally, a remetente, usa Hotmail. Harry pode pensar "se é bom o suficiente para Sally, é bom o suficiente para mim". O Hotmail facilita o registro, porque inclui um *hyperlink* para o endereço eletrônico onde as inscrições são realizadas.

O marketing viral pode ser utilizado para vender idéias ou produtos[40]. Muitas pessoas já receberam mensagens para assinar abaixo-assinados, por exemplo. Um dia após o ataque terrorista às torres do World Trade Center e ao pentágono americano, nós já havíamos recebido duas declarações de cunho político – uma requerendo que os "terroristas mulçumanos" sejam combatidos e outra solicitando-nos a persuadir pessoas para evitar a guerra. Alguém que não conhecemos escreveu cada uma das declarações, mas amigos próximos enviaram as mensagens para nós e para outras pessoas integrantes de suas listas de correio eletrônico.

A posição estrutural das pessoas em redes afeta o modo como a informação fluirá. Aqueles especialmente bem conectados (analistas de redes dizem que possuem alto grau de centralidade) ou aqueles que conectam diferentes grupos (possuem alto grau de interposição) disseminam informação mais rapi-

39 E. Rosen, op. cit.

40 E. Chattoe, Virtual Urban Legends: investigating the ecology of the world wide web, *IRISS* '98.

damente[41]. As pontes são importantes para o marketing viral por causa de suas posições estruturais. Ou, como diz Everett Rogers, "campanhas de difusão apresentam maior probabilidade de sucesso se os agentes de mudança identificam e mobilizam formadores de opinião"[42].

Às vezes, agentes de marketing podem tirar proveito dessas pontes. Em *leapfrogging*, um profissional de marketing encontra uma pessoa bem conectada em relação a diversos grupos e presenteia essa pessoa com um produto, gratuitamente[43]. A esperança é de que essa pessoa espalhe sua opinião a respeito do produto em seus múltiplos grupos. A moda "salta" entre os diferentes grupos e meios sociais, difundindo a opinião cada vez mais longe e amplamente. De acordo com Gladwell, "uma destas pessoas excepcionais descobre a respeito da tendência, e espalha a opinião através de conexões sociais, energia, entusiasmo e personalidade"[44]. Pontes de *leapfrogging* possuem a habilidade de causar um ruído em torno de um produto tirando proveito de sua personalidade, capital social e posição estrutural[45].

O elemento cultural do marketing viral é o diferencial em relação à troca de viroses biológicas e computacionais. Quase sempre existem *trendsetters* relacionados ao lançamento de produtos. Estes *trendsetters* são algumas poucas pessoas que buscarão novos produtos e, basicamente, decidirão se eles são ou não "legais". Produtos considerados na categoria de "legais"

41 S. Wasserman; K. Faust, op. cit..

42 E. Rogers, *Diffusion of Innovations*, p. 354; T, W. Valente; R. L. Davis, Accelerating the Diffusion of Innovations Using Opinion Leaders, *Annals of the American Academy*, p. 55-67; G. Weimann, *The Influentials*: people who influence people.

43 E. Rosen, op. cit.

44 Op. cit., p. 22.

45 K. Frank, Quantitative Methods for Studying Social Context in Multilevels and Through Interpersonal Relations, *Review of Research in Education*, p. 171-216.

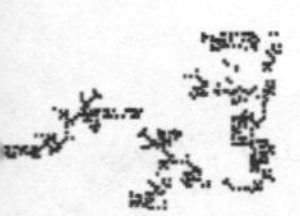

serão adotados por este grupo antes de se tornarem populares, e serão abandonados tão logo se tornem "lugar comum". De forma distinta do que ocorre com o vírus humano ou de computador, um ruído em torno de um produto somente ocorrerá se preencher o construto cultural de ser "legal".

Redes sociais são duplamente importantes por transmitirem produtos a partir de pequenos grupos e *trendsetters* para o público mais amplo. Isso ocorre porque as redes sociais permitem que haja reconhecimento e aprovação cultural ao mesmo tempo. Empresas "de moda", tais como Reebok e Nike, possuem funcionários caçadores de produtos "legais". Esses funcionários buscam novas modas e *trendsetters*, e então passam a agir como pontes, trazendo essas tendências para dentro da empresa e, eventualmente, para lojas[46]. Sob esse ponto de vista, as pontes são importantes não apenas na ligação entre um produto e um mercado, mas também na ligação entre um mercado e um produto.

Destruição viral

Até o momento, o controle de viroses computacionais têm dependido, em sua maior parte, de *softwares* antivírus capazes de checar supostos vírus em relação a padrões conhecidos. Esse procedimento, entretanto, não protege contra novas viroses. Mas pode haver uma tendência de convergência entre o controle de viroses biológicas e computacionais. IBM e Symantec estão juntando esforços "para criar um sistema computacional imunológico totalmente inspirado em sistemas biológicos, de forma que os sistemas sejam capazes de lidar com invasores de forma semelhante à luta do corpo humano contra microorganismos"[47].

46 M. Gladwell, The Coolhunt, *New Yorker*.
47 M. Dlunginski, op. cit., p. 30.

Pontes podem ser importantes tanto no impedimento da disseminação de viroses quanto no incentivo à contaminação. Um método tradicionalmente utilizado para lidar com as viroses tem sido a quarentena. Nessa situação, pessoas infectadas com um vírus são isoladas de contato externo. Na verdade, essas pessoas não são autorizadas a entrar em contato com pessoas que podem atuar como pontes e levar o vírus a novos grupos. Durante a quarentena ocorre a morte do vírus ou a morte do próprio hospedeiro. Em ambos os casos, a remoção dos elos fracos significa que o vírus permanece confinado a poucos grupos.

O método da quarentena nem sempre é possível. Pessoas que tiveram seus computadores infectados não estão dispostas a bloquear o acesso à internet, da mesma forma como indivíduos infectados por viroses biológicas não estão dispostas a ficarem isoladas de seus contatos sociais. Além disso, há outro problema: as pessoas freqüentemente não estão cientes de que são portadoras de um vírus até que ele se dissemine. Por essas razões, precauções devem ser tomadas para limitar a disseminação antes mesmo que haja contaminação. Para pessoas, higiene apropriada, hábitos alimentares e práticas sexuais seguras ajudam a limitar a contração de viroses. No caso de computadores, *softwares* antivírus e *firewalls* (muros protetores) devem ser instalados. Isso é particularmente importante no caso das pontes, que podem entrar em contato com condutores de uma grande variedade de grupos.

Enquanto a prevenção por meio de alteração genética é ainda apenas uma possibilidade, essa opção ainda apresenta considerações morais questionáveis[48]. Prevenção inadvertida

48 A. Burfoot, Technologies of Panic at the Movies: killer viruses, warrior women and men in distress, em S. Brodribb (ed.), *Reclaiming the Future*: women's strategies from the 21st century.

pode também ocorrer com a disseminação de viroses biológicas. Indivíduos-pontes, que tenham ultrapassado a fase primária de infecção por HIV e ainda mantêm o sistema imunológico em funcionamento inadvertidamente agem como muros de proteção ou "amortecedores" que isolam o HIV em relação a pequenos grupamentos sociais. Pessoas nesse estágio de infecção por HIV provavelmente não transmitirão o vírus a integrantes externos ao grupo infectado, porque eles não têm um alto grau de infecção[49].

Conclusão: Compreendendo o Habitat Glocal de um Vírus

Dizer que um vírus é transmitido através de uma rede é um bom começo, mas as verdadeiras perguntas são "quais tipos de viroses e quais tipos de redes?". Embora viroses biológicas, computacionais e de mercado tenham diferentes elementos constitutivos e processos, elas estão conectadas pela realidade da transmissão social em rede. Utilizando dois tipos ideais de redes, nós mostramos de que forma a estrutura da rede pode influenciar no movimento dos três tipos de viroses.

Redes densamente conectadas, nas quais há contato freqüente entre seus membros, aumentam o potencial para que o integrante infectado transmita o vírus a quase todos os outros integrantes. A rápida disseminação dentro de um grupo densamente conectado é ampliada pela tendência destes grupos em

49 S. Friedman et al., Network - Related Mechanisms May Help Explain Long- term HIV- 1 Seroprevalence Levels That Remain High but Do Not Approach Population- Group Saturation, *American Journal of Epidemiology*, p. 913-922.

freqüentar os mesmos ambientes: seja lugares aonde vão, plataformas de computadores ou gosto.

Redes ramificadas se apresentam no extremo oposto estrutural e têm diferentes conseqüências para um vírus. Essas redes apresentam contatos pouco freqüentes entre seus membros, e não haverá dois membros em contato com conjunto similar de pessoas ou máquinas. Essas redes provêm pontas pelas quais um novo vírus pode trafegar de um grupo a outro e assim por diante, permitindo que muitos diferentes tipos de viroses alcancem diferentes tipos de pessoas. Nem todos os membros de uma rede ramificada estão propensos a ter o mesmo vírus em determinado ponto do tempo, uma vez que nem todos os membros estão conectados.

É claro que esses modelos são ideais: a realidade é mais confusa. O mundo atual é uma combinação de ambas as formas reticulares[50]. Pessoas e seus computadores freqüentemente pertencem a redes densamente conectadas e ramificadas, simultaneamente. Nós chamamos esta fusão de conexão global ou "glocalização". Em uma situação glocal, viroses biológicas, computacionais e de mercado utilizam redes ramificadas para se introduzirem em grupos densamente conectados. Uma vez que o vírus obtenha acesso a um grupo, os membros do grupo estarão muito mais expostos a ele e aumentará a probabilidade de que sejam infectados.

A estrutura de contatos, portanto, permite a banalização da vida e da morte de viroses que devem ser levadas em consideração na compreensão da forma como as viroses – e todos os tipos de redes – operam.

50 C. Kadushin, The Motivational Foundations of Social Networks, *Working Paper*.

Tabela 1: Comparação entre viroses biológicas, computacionais e de mercado

TIPO	BIOLÓGICO	COMPUTACIONAL	DE MERCADO
	ELEMENTOS BÁSICOS		
Fonte	Animais, meio-ambiente	*Hackers*, ciberespaço	Prof. de marketing, ativistas
Apelido	Bug, Germ	Vírus, *Worm*	*Buzz, In-Crowd*
Ciclo de Vida	Muito jovem (exceto AIDS)	Executivos, adolescentes	Adolescentes
Meio de transmissão	Contato físico, transporte	Redes de Computadores, FD2FD*	Internet, F2F**
	DISSEMINAÇÃO		
Probabilidade de infecção	Contatos freqüentes	Contatos freqüentes	Contatos freqüentes
Propagação	Local, aeronaves	Redes sociais	Redes sociais
Transmissão	Conhecidos, desconhecidos	Listas de endereços	Conhecidos e confiáveis
Difusão	Conexão social	Elos fortes e fracos	Elos fortes
Aceleração	<<< Redes dispersas, frouxamente conectadas, densamente conectadas >>>		
Velocidade	Baixa	Alta-velocidade	Baixa a média
Disseminação de	Doença	Destruição	Modismos
	CONTROLE		
Reconhecimento	Sintomas, CDC	*Scripts*, estabelec. de padrões	Modas, *e-mails* em cadeia
Rastreamento	Muito difícil	Mensagens reversas	Recompensa financeira
Mutações	Naturais	Criação deliberada	Novo modelo de negócios
Prevenção	Preservativos, *long sleeves*	Antivírus, *firewall*	*E-mail* com voz
Erradicação	Remédios, saneamento	Antivírus	Compra
Cura	Medicina	Formatação	Cancelamento de crédito

	CONSEQÜÊNCIAS		
Latente	Viroses resistentes	Prestígio do *hacker*	Reforça status social
Econômica	Explosão populacional	Indústria do antivírus	Desaparec. de *sites* gratuitos
Pior caso	Guerra, fome	Paralisação societal	Desconfiança entre amigos
Rede	Isolamento físico	Isolamento social	Sobrecarga da rede
Trojans	Proteção contra infecção	Forma de vírus computacional	Nome de marca

* Floppy Disk to Floppy Disk (disco flexível)

** Face-to-face (face a face)

Referências Bibliográficas

AUNGER, Robert. *The Electric Meme*. New York: Free Press, 2001.

BODOW, Steve. The Money Shot. *Wired*. september, 2001.

BURFOOT, Annette. Technologies of Panic at the Movies: killer viruses, warrior women and men in distress. In: BRODRIBB, Somer (ed.). *Reclaiming the Future:* women's strategies from the 21st century. Toronto: Women's Press, 1999.

BURT, Ronald. S. *Structural Holes*: the social structure of competition. Cambridge, MA: Harvard University Press, 1992.

CAIDA. Code- Red Worms: a global threat. September, 2001, 12: http://www.caida.org/analysis/security/code- red/

CANADIAN PRESS. Web Worm Forces N.B. Government to Turn Off Computers, Turn to Typewriters. september 19, 2001: http://news.excite.com/news/cp/010919/15/web- worm- forces

CHATTOE, Edmund. Virtual Urban Legends: investigating the ecology of the world wide web. *IRISS* '98. march 25-27, 1998, Bristol, UK: International Conference.

COLEMAN , James; KATZ, Elihu; MENZEL, Herbert. *Medical Innovation*: a diffusion study. Indianapolis: Bobbs-Merrill, 1966.

CROSS, Rob; BORGATTI, Stephen; PARKER, Andrew Beyond Answers: dimensions of the advice network. *Social Networks* 23 (3) 2001.

DLUNGINSKI, M. Worms that Won't Let Go. *PC Magazine*. oct 10, 2001.

DVORAK, J. Inside Track. *PC Magazine*. Oct 10, 2001: 71.

ERICKSON, Bonnie H. The Relational Basis of Attitudes. In: WELLMAN, Barry; BERKOWITZ, Stephen D. (eds.). *Social Structures:* a network approach.

FELD, Scott. The Focused Organization of Social Ties. *American Journal of Sociology* 86. 1981.

______. Social Structural Determinants of Similarity among Associates. *American Sociological Review* 47, 1982.

FRANK, Kenneth. Quantitative Methods for Studying Social Context in Multilevels and Through Interpersonal Relations. *Review of Research in Education* 23, 1998.

FRIEDMAN, Samuel; KOTTIRI, Benny J.; NEAIGUS, Alan. et al. Network- Related Mechanisms May Help Explain Long- term HIV- 1 Seroprevalence Levels That Remain High but Do Not Approach Population- Group Saturation. *American Journal of Epidemiology* 152 (10), p. 913-922. 2000.

GARTON, Laura; HAYTHORNTHWAITE, Caroline; WELLMAN, Barry. Studying Online Social Networks. *Journal of Computer Mediated Communication* 3 (1), June, 1997.

GLADWELL, Malcolm. The Coolhunt. *New Yorker,* march 17. 1997.

______. *The Tipping Point*. Boston: Little, Brown, 2000.

GRANOVETTER, Mark. The Strength of Weak Ties: a network theory revisited. In: Peter Marsden; Nanlin. *Social Structure and Network Analysis*. Beverly Hills, CA: Sage, 1982.

HAMPTON, Keith. *Living the Wired Life in the Wired Suburb*: netville, glocalization and civil society. Doctoral Dissertation. 2001.

HARUVY, Ernan.; ASHUTOSH, Prosad. Optimal Freeware Quality in the Presence of Network Externalities: an evolutionary game theoretical approach. *Journal of Evolutionary Economics* 11 (2), 2001.

HEINZL, J. Pssst... Wanna Buy a Toy? *Toronto Globe and Mail*. august 6: F6. 2001.

JOHNSTON, S. Mystery Mail SirCam, I Presume? *New Yorker*. August 13, 2001.

KADUSHIN, Charles. The Motivational Foundations of Social Networks. *Working Paper*, Waltham, MA: Cohen Center for Modern Jewish Studies, Brandeis University. 2001.

KATZ, Elihu; LAZARSFELD, Paul. *Personal Influence*: the part played by people in the flow of mass communications. Glencoe, IL: Free Press, 1995.

KREBS, Valdis. Social Life of Servers. *SocNet listserve*. aug 9. 2001.

MARRIOTT, Michel. Playing with Consumers. *New York Times*. Aug 30: d1, D6. 2001.

MARSDEN, Peter V.; LAUMANN, Edward. O. Mathematic al Ideas in Social Structural Analysis. *Journal of Mathematical Sociology* 10, 1984.

MCPHERSON, Miller.; SMITH-LOVIN, Lynn. Homophily in Voluntary Organizations. *American Sociological Review* 52, 1987.

______; SMITH-LOVIN, Lynn; COOK, James. M. Birds of a Feather: homophily in social networks. *Annual Review of Sociology* 27, 2001.

POTTERATT, John. Gonorrhea as a Social Disease. *Sexually Transmitted Disease* 12 (25), 1985.

RAPOPORT, Anatol; YUAN, Yufei. Some Aspects of Epidemics and Social Nets. In: KOCHEN, Manfred (ed.). *The Small World*. Norwood, NJ: Ablex, 1989.

ROGERS, Everitt. *Diffusion of Innovations*, 4. ed. New York: Free Press, 1995.

______; KINCAID, Laurence. *Communication Networks*. New York: Free Press, 1981.

ROSEN, Emanuel. *The Anatomy of Buzz*. New York: Doubleday, 1997.

ROTELLO, Gabriel. *Sexual Ecology*. New York: Penguin Books, 1997.

SCHACHTER, H. Author Spreads Buzz on Word of Mouth. *Toronto Globe and Mail*. november 15. 2001.

TAYLOR, Paul A. *Hackers*. London: Routledge, 1999.

TIERNEY, J. Electronic Game Maker Lets Kids Do Their Marketing for Them. *New York Times*. August 5. 2001.

THORBURN, P. *Personal Communication. President, Matchstick Inc.* www.matchstick.com

TORONTO Computes!. Alanis Has the Answer... August, 2001.

VALENTE, Thomas. W. *Network Models of the Diffusion of Innovation*. New York: Hampton Press, 1995.

______; DAVIS, Rebecca L. Accelerating the Diffusion of Innovations Using Opinion Leaders. *Annals of the American Academy* 566, 1999.

______; WATKINS, Susan; JATO, Mirian. N. et al. Social Network Associations with Contraceptive Use Among Cameroonian Women in Voluntary Associations. *Social Science and Medicine* 45. 1997.

VAMOSI, Robert. *SirCam Worm is Now a Worldwide Epidemic*. www.excite.com.

VAN DEN BULTE, Christophe.; LILIEN, Gary. Medical Innovation Revisited: Social Contagion versus Marketing Effort. *American Journal of Sociology* 106 (5), p. 1409-1435. (2001)

VAN HOVE, L. Electronic Money and the Network Externalities Theory: lessons for real life. *Netnomics* 1 (2), 1999.

WASSERMAN, Stanley; FAUST, Katherine. *Social Network Analysis*: methods and applications. Cambridge: Cambridge University Press, 1994.

WEIMANN, Gabriel. *The Influentials*: people who influence people. Albany: State University of New York Press, 1994.

WELLMAN, Barry. An Electronic Group is Virtually a Social Network. In: KIESLER, Sara. *Culture of the Internet*. Mahwah, NJ: Lawrence Erlbaum, 1997.

______. From Little Boxes To Loosely Bounded Networks: the privatization and domestication of community. *Sociology for the Twenty-First Century: Communities and Cutting Edges. Abu- Lughod*. Chicago: University of Chicago Press, 1999.

______; BERKOWITZ, Stephen D. (eds.). *Social Structures:* a network approach. New York: Cambridge University Press, 1988.

______; BERKOWITZ, Stephen D. Introduction: studying social structures. In: ____ (eds.). *Social Structures:* a network approach.

______; GULIA, Milena. Net- Surfers Don't Ride Alone: virtual communities as communities. In: WELLMAN, B (ed.). *Networks in the Global Village:* life in contemporary communities. Boulder, CO.: Westview Press, 1999.

redes empresariais: elementos estruturais e conformação interna

[Jorge Britto]

Introdução

A ocorrência de múltiplas formas de cooperação produtiva e tecnológica entre empresas é um tema que tem sido recorrentemente abordado pela literatura recente de economia industrial. Observa-se, nesse sentido, uma convergência entre visões de diferentes escolas de pensamento no que diz respeito à análise dos fatores subjacentes a um melhor desempenho competitivo quando existe a centralização não apenas na empresa individual, mas principalmente na investigação das relações entre as empresas e entre estas e as demais instituições. Desse modo, o conceito genérico de "rede" tem sido crescentemente utilizado como recorte analítico capaz de representar as interdependências produtivas e tecnológicas que caracterizam os ambientes econômicos

complexos. Partindo-se desse recorte genérico, as "redes de firmas" podem ser concebidas como arranjos institucionais que possibilitam uma organização eficiente de atividades econômicas, por meio da coordenação de ligações sistemáticas estabelecidas entre firmas interdependentes .

O apelo que o conceito de "redes de firmas" vem despertando na literatura econômica decorre, em boa medida, da sua maleabilidade. De fato, as "redes de firmas" constituem um quadro de referência que pode ser aplicável à investigação de múltiplos fenômenos caracterizados pela densidade de relacionamentos técnico-produtivos entre agentes. Em função dessa "maleabilidade", abordagens teóricas baseadas em hipóteses de trabalho e instrumentais metodológicos bastante distintos têm utilizado o conceito para retratar fenômenos que consideram relevantes, adaptando-o à natureza específica do arcabouço teórico utilizado. O conceito tem sido também utilizado como referencial analítico de investigações empíricas extremamente variadas, com o mesmo sendo adaptado em função do objeto retratado e das informações disponíveis.

A utilização de um recorte baseado no conceito de "redes de firmas", por uma gama variada de análises, aumenta o risco de uma diluição do seu poder explicativo. De fato, é comum que esse conceito seja utilizado de forma, às vezes, pouco rigorosa, sem uma preocupação em detalhar as características estruturais desses arranjos. A utilização desse conceito como recorte analítico pressupõe, porém, uma caracterização rigorosa de seus elementos estruturais constituintes, bem como das forças internas a esse tipo de estrutura, que condicionam sua capacidade de transformação e evolução. Considerando esses aspectos, este artigo desenvolve uma discussão que parte da caracterização geral do objeto retratado até atingir a identificação de alguns procedimentos de operacionalização de análises empíricas baseadas naquele tipo de recorte. Inicialmente (seção 1), procura-se discutir a importância do conceito genérico de "rede" no âmbito da moderna literatura de economia industrial. Em seguida (seção 2), tenta-se identificar os principais elementos estruturais característicos das "redes de firmas", referenciando-os ao tratamento específico de fenômenos econômicos. A seção seguinte (seção 3) discute alguns procedimentos analíticos empregados em investigações empíricas baseadas no conceito de "redes de firmas". Uma última seção (seção 4) sumariza as conclusões do trabalho e aponta possíveis desdobramentos da investigação realizada ao longo do artigo.

O Conceito de "Rede" na Ciência Econômica

Análises baseadas no conceito de rede pressupõem que a configuração dos vínculos presentes e ausentes entre os pontos que conformam determinado sistema revela estruturas específicas[1]. A utilização desse conceito como artifício analítico na abordagem de problemas econômicos reflete não apenas a recuperação de temas tradicionalmente abordados pela economia política clássica – discutindo a especificidade da "divisão de trabalho" entre as empresas – como também a incorporação de contribuições importantes da sociologia e da matemática, evidenciando uma abordagem nitidamente "interdisciplinar". No âmbito das ciências exatas, o conceito de "rede" tem motivado o

1 M. Granovetter, Economic Action and Social Structure: the problem of embeddedness, *American Journal of Sociology*; D. Knoke; J. H. Kuklinski, Network Analysis: basic concepts, em G. Thompson et al. (eds.), *Markets, Hierarchies and Networks*.

desenvolvimento de um instrumental sofisticado aplicável à caracterização e ao estudo da estrutura de sistemas complexos e dinâmicos. No caso das ciências sociais, a utilização desse tipo de recorte enfatiza a importância de se entender a estrutura do sistema de relações que conectam diferentes agentes, bem como os mecanismos de operação desse sistema, responsáveis pela sua reprodução e eventual transformação ao longo do tempo.

Quando se transpõe o conceito genérico de "rede" para o estudo de problemas atinentes à ciência econômica, uma primeira questão relevante diz respeito à identificação de situações nas quais este conceito poderia – ou deveria – ser utilizado. De fato, as diferentes análises que fazem uso desse conceito não apenas costumam estar fundamentadas em perspectivas metodológicas distintas, mas também utilizam terminologias diferentes quando se referem ao mesmo. Nesse sentido, esse conceito pode ser utilizado – em função dos problemas abordados – de forma mais ou menos abrangente.

Na utilização do conceito genérico de "rede", pela teoria econômica, é possível diferenciar duas abordagens distintas. A primeira delas ressalta o caráter instrumental do conceito de "rede" para a compreensão da dinâmica de comportamento dos diferentes mercados. Nesse caso, o conceito é utilizado no tratamento de problemas de natureza alocativa, recorrentemente enfrentados pela ciência econômica, estando relacionado à noção de "externalidades em rede" enquanto princípio orientador da análise. A presença de externalidades em rede em determinados mercados reflete a existência de efeitos diretos e indiretos da interdependência entre as decisões de agentes que neles atuam. Essa perspectiva de análise opta por um recorte nitidamente microeconômico, procurando entender como determinada "rede" de relações afeta as decisões tomadas pelos agentes econômicos fundamentais (produtores e consumidores) em mercados particulares. Usualmente, a literatura sobre o fenômeno distingue diferentes tipos de externalidades em rede. Dentre estas, é possível mencionar a presença de externalidades técnicas relacionadas a situações nas quais a interdependência entre os agentes do ponto de vista técnico resulta em modificações nas características das respectivas funções de produção. Destacam-se também determinadas externalidades tecnológicas associadas a efeitos do tipo *spill-over*, que resultam em mudanças no ritmo de adoção e difusão de inovações em determinado mercado, assim como externalidades de demanda presentes em situações nas quais a demanda de bens oferecidos por cada unidade é afetada por modificações na demanda de outras unidades ou nas quais a demanda de um consumidor individual é influenciada pela demanda agregada do mesmo bem.

Em contraste com análises que ressaltam o papel das "externalidades em rede" sobre a dinâmica alocativa de diferentes mercados, é possível caracterizar um outro tipo de abordagem que discute o conceito de "rede" menos a partir dos possíveis efeitos gerados sobre o comportamento de consumidores e produtores e mais do ponto de vista da constituição de um tipo particular de instituição, com a capacidade de coordenar a realização de atividades econômicas. Nesse caso, a ênfase recai na caracterização das estruturas em rede como um objeto específico de investigação. Essas estruturas estariam associadas a determinados elementos básicos constituintes, bem como a mecanismos responsáveis pela geração de estímulos endógenos indutores de processos adaptativos face à evolução do ambiente. Comparando-se esse enfoque com a perspectiva anteriormente mencionada, duas diferenças básicas podem ser destacadas. Por um lado, a ênfase da análise recai nos processos de estruturação e transformação dessas "redes", a partir de estímulos internos e externos, e não no impacto que a formação destas estruturas acarreta sobre a dinâmica de comportamento dos diferentes mercados. Por outro lado, considerando essas "redes" como objeto específico de investigação, os processos alocativos que ocorrem em seu interior passam a ser concebidos como um aspecto particular dos mecanismos de operação dessas estruturas, tornando-se necessária a discussão de outras "dimensões" associadas a esses mecanismos.

No plano metodológico, as redes de firmas são, por excelência, um objeto enfocado pelas análises que privilegiam um recorte "meso-econômico" da dinâmica industrial, as quais ressaltam o papel desempenhado por "subsistemas" estruturados na modulação dessa dinâmica[2]. Esses subsistemas podem apresentar uma grande diversidade institucional, operando como "linhas de força" básicas do processo de transformação das estruturas industriais. Em especial, eles caracterizam-se pela presença de uma diversidade de atores que desempenham funções heterogêneas. Outra característica importante de tais subsistemas é a existência de uma autonomia relativa em relação às forças externas, bem como a presença de um certo grau de "auto-organização" e de uma capacidade de transformação que confere a essas estruturas um caráter essencialmente dinâmico. Nessa perspectiva, as redes de firmas podem ser concebidas como um subconjunto organizado de atores interdependentes, estando associadas à organização simultânea de relações de concorrência e cooperação entre seus membros, decorrente da necessidade de compatibilizar-se

2 J. Bandt, Aproche meso-économique de la dynamique industrielle, *Revue d'Économie industrielle*.

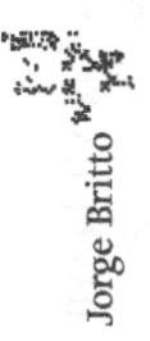

a exploração de complementaridades de competências com a barganha pela apropriação dos ganhos econômicos gerados. Desse modo, o conceito de redes de firmas é elaborado a partir de uma crítica à divisão artificial entre o agente econômico e o ambiente externo no qual o mesmo se insere, baseando-se em uma perspectiva de análise que ressalta a dimensão "social" das relações entre firmas e seus possíveis desdobramentos sobre a conformação institucional do ambiente econômico e sobre o padrão de conduta dos agentes.

Redes de Firmas: Uma Sistematização de Elementos Estruturais Constituintes

A utilização do conceito de "rede" como artifício analítico na compreensão de múltiplos fenômenos pode ser correlacionada a alguns elementos morfológicos que são comuns a esse tipo de estrutura. Esses elementos morfológicos podem ser associados à maneira como as estruturas em rede são caracterizadas no âmbito das ciências exatas, incorporando-se algumas qualificações necessárias quando se transporta esse referencial para o estudo de fenômenos tradicionalmente abordados pelas ciências sociais. Especificamente, quatro elementos morfológicos genéricos – nódulos, posições, ligações e fluxos – podem ser ressaltados como "partes" constituintes das estruturas em rede. No caso específico das "redes de firmas", esses elementos básicos assumem características particulares, que estão sistematizadas no quadro 1.

Quadro 1 – Elementos estruturais das redes de firmas

Elementos Morfológicos Gerais das Redes	Elementos Constitutivos das Redes de Firmas
Nódulos	Empresas ou Atividades
Posições	Estrutura de Divisão de Trabalho
Ligações	Relacionamentos entre Empresas
Fluxos	Fluxos de Bens (tangíveis) e de Informações (intangíveis)

Em primeiro lugar, é possível definir um conjunto de agentes, objetos ou eventos em relação aos quais a rede estará definida. Na caracterização morfológica de uma rede, esse conjunto associa-se ao conceito de pontos focais ou "nódulos" que compõem a estrutura. Nas diversas análises sobre o tema, duas perspectivas distintas podem ser ressaltadas na caracterização dos nódulos que constituem as unidades básicas das redes de firmas. A primeira delas identifica as empresas inseridas nesses arranjos como unidades básicas a serem investigadas. Nessa perspectiva, essas redes são concebidas como o produto das estratégias adotadas pelos agentes nelas inseridos, que induzem o estabelecimento de relacionamento sistemáticos entre eles. Partindo-se das empresas como nódulos fundamentais das redes, seria possível captar a conformação da estrutura a partir da análise das estratégias de relacionamentos dessas empresas com outros agentes. Às análises que elegem as "empresas" como unidades básicas dos arranjos estruturados na forma de redes, é possível contrapor um outro tipo de enfoque que caracteriza determinadas "atividades" como pontos focais daqueles arranjos. Em relação à perspectiva anteriormente mencionada, uma diferença básica associa-se à unidade básica considerada no levantamento de informações empíricas. Enquanto no caso anterior essa unidade estaria associada a determinado agente e seus relacionamentos externos, nesse último caso, essa unidade estaria referenciada a uma determinada atividade produtiva ou a um determinado ramo industrial.

O detalhamento morfológico das estruturas em rede pressupõe também a identificação das posições que definem como os diferentes "pontos" se localizam no interior da estrutura. No caso das redes de firmas, é possível identificar algumas características das posições relativas ocupadas pelos agentes em seu interior. Em particular, essas "posições" estão associadas a uma determinada "divisão de trabalho" que conecta agentes e atividades, visando atingir determinados objetivos. A consolidação dessa divisão de trabalho é uma conseqüência natural da diversidade de competências necessárias à produção de determinado bem ou à geração de determinada inovação, envolvendo a integração de capacidades operacionais e organizacionais dos agentes, bem como a compatibilização-integração das tecnologias incorporadas nos diferentes estágios das cadeias produtivas e em diferentes etapas do processo inovador.

É possível também associar as estruturas em rede a determinadas "ligações" entre seus nódulos constituintes. Em função da estrutura dessas ligações, é possível distinguir estruturas dispersas – nas quais o número de ligações entre pontos é bastante limitado – de estruturas saturadas – nas quais cada ponto está ligado a praticamente todos os demais que conformam a rede. A identificação da configuração das ligações entre nódulos que conformam a rede é particularmente importante para a caracterização desse tipo de estrutura. Nesse sentido, alguns aspectos costumam ser considerados. Em primeiro lugar, é possível caracterizar uma determinada "densidade" da rede associada à relação existente entre o número efetivo de ligações observadas na estrutura e o número máximo de ligações que poderiam ocorrer no interior do arranjo em questão. Outro conceito importante refere-se à definição de uma determinada medida que expresse o grau de "centralização" da estrutura, relacionado à presença de pontos específicos que concentram um grande número de ligações.

No caso das redes de firmas, a caracterização dessas ligações deve contemplar um detalhamento dos relacionamentos organizacionais, produtivos e tecnológicos entre seus membros. Basicamente, esses relacionamentos podem ser referenciados a dois aspectos-chave: a "forma" e o "conteúdo" dos mesmos. Quanto à "forma" dos relacionamentos, um aspecto crucial refere-se ao grau de formalização do arcabouço contratual que regula as relações entre agentes. A funcionalidade desse arcabouço contratual pode ser associada à presença de mecanismos de coordenação e incentivo que estimulem a adoção de um comportamento eficiente pelas partes envolvidas. A caracterização morfológica das redes de firmas requer também a identificação do "conteúdo" de seus relacionamentos internos. Considerando que esses relacionamentos estão articulados a um determinado esquema de "divisão de trabalho", é possível identificar três tipos de ligações qualitativamente distintos, em função de um nível crescente de complexidade. Em primeiro lugar, existem ligações sistemáticas entre agentes que restringem-se ao plano estritamente mercadológico, não envolvendo o estabelecimento de diretrizes comuns relacionadas a procedimentos produtivos nem a compatibilização-integração das tecnologias empregadas. Em segundo lugar, é possível caracterizar ligações que envolvem a integração de etapas seqüencialmente articuladas ao longo de determinada cadeia produtiva. Nesse caso, a compatibilização de uma série de procedimentos técnico-produtivos se faz necessária, de maneira a elevar o nível de eficiência proporcionado pela estruturação da rede. Finalmente, é possível caracterizar um terceiro tipo de ligação – qualitativamente mais sofisticado – que envolve a integração de conhecimentos e competências retidos pelos agentes, de maneira a viabilizar a geração de inovações tecnológicas. Nesse caso, as ligações entre agentes extrapolam a mera compatibilização de procedimentos produtivos, envolvendo também a realização de um esforço tecnológico conjunto e coordenado, baseado na integração de conhecimentos e competências.

Avançando no sentido da caracterização morfológica das estruturas em rede, é possível correlacionar essas estruturas a determinados "fluxos" que circulam através das suas diversas ligações. Nesse sentido, a mera descrição das ligações entre nódulos é insuficiente, tornando-se necessário identificar a natureza específica dos fluxos que circulam pelos canais de ligação entre os mesmos. No caso específico das redes de firmas, a análise desses fluxos é complicada em função do caráter "complexo" desses arranjos. De maneira a viabilizar a análise, é possível identificar diferentes tipos de fluxos presentes nas redes de firmas. Em primeiro lugar, destacam-se fluxos tangíveis baseados em transações recorrentes estabelecidas entre os agentes, através das quais são transferidos insumos e produtos. Esses fluxos compreendem operações de compra e venda realizadas entre os agentes integrados à rede. Três aspectos diferenciam qualitativamente esses fluxos de transação daqueles externos à rede: (i) o caráter sistemático das transações realizadas, devido à presença de incentivos específicos à continuidade e ao aprofundamento das articulações entre agentes; (ii) a realização de algum tipo de adaptação nos procedimentos produtivos realizados devido à integração da empresa à rede; (iii) o reforço da especificidade dos ativos envolvidos na transação, como reflexo de adaptações mútuas realizadas nos procedimentos operacionais dos agentes integrados à rede.

Simultaneamente aos fluxos tangíveis, é possível caracterizar determinados fluxos informacionais que conectam os diversos agentes integrados às redes. Do ponto de vista metodológico, a investigação desses fluxos é mais problemática devido à natureza intangível dos mesmos, o que dificulta o processo de quantificação dos estímulos que são emitidos e recebidos pelos agentes. Além disso, não existe necessariamente – como no caso dos fluxos tangíveis de transações – um arcabouço contratual que regule a transmissão e recepção desses fluxos. Por fim, deve-se considerar que o conteúdo das informações transmitidas pode variar bastante em termos de seu grau de "codificação". Uma parcela importante dessas informações apresenta, inclusive, um caráter "tácito", estando baseadas em padrões cognitivos idiossincráticos retidos por agentes responsáveis pela transmissão e recepção das mesmas.

A diferenciação proposta entre os vários elementos morfológicos das estruturas em rede – nódulos, posições, ligações e fluxos – constitui um exercício de simplificação. De fato, a utilização do conceito de redes de firmas como instrumental analítico requer não apenas a identificação daqueles elementos no contexto abordado, mas também das interconexões que se estabelecem entre eles, o que requer um esforço de sistematização de dupla direção. Por um lado, é importante realizar uma análise que parta das características dos elementos básicos da rede – determinados nódulos compostos por empresas e atividades – para, a partir daí, expandir o foco no sentido das posições por eles ocupadas em determinado esquema de divisão de trabalho, especificando-se as características das ligações estabelecidas e dos fluxos associados a essas ligações. Por outro lado, é importante também realizar um percurso analítico em sentido inverso, verificando-se como a necessidade de coordenar e agilizar os fluxos intrarede afeta as ligações e o posicionamento dos pontos focais da estrutura.

Redes de Firmas: Alguns Procedimentos-padrão de Análise

O conceito de "redes de firmas" tem sido utilizado tanto por análises estritamente qualitativas-descritivas, baseadas em "estudos de caso", como por análises de cunho mais quantitativo, que procuram definir critérios específicos para identificação e caracterização desses arranjos. Nas análises de cunho qualitativo, o que se procura, em geral, é detalhar a conformação institucional dessas estruturas, utilizando-se critérios específicos de agregação e classificação dos agentes, baseados em atributos que lhes são intrínsecos ou na posição por eles ocupadas em um determinado esquema de divisão de trabalho. Nesse sentido, é possível distinguir três níveis distintos de análise[3]. O primeiro nível refere-se à macroestrutura na qual se insere esse tipo de arranjo, ressaltando a importância de condicionantes ambientais mais amplos na estruturação das redes e as condições de acessibilidade específicas a esses arranjos. O segundo nível de análise refere-se às especificidades da estrutura interna e dos mecanismos de coordenação que são específicos às redes de firmas. O terceiro nível de análise, por sua vez, ressalta a especificidade do comportamento dos agentes envolvidos nesse tipo de arranjo, discutindo os desdobramentos de sua consolidação em termos da incorporação de princípios de *networking* às estratégias empresariais. Adicionalmente, algumas análises de cunho "qualitativo" das "redes de firmas" procuram avançar no sentido de uma classificação tipológica desses arranjos, geralmente baseadas em fa-

3 C. Karlsson; L. Westin, Patterns of a Network Economy – an introduction, em B. Johansson et al. (eds.), *Patterns of a Network Economy*.

tores subjacentes à sua estrutura interna ou no tipo de ganho proporcionado para as empresas participantes.

Dentre as análises quantitativas, é possível distinguir dois enfoques distintos. O primeiro enfoque está baseado no conceito de "similaridade" entre os "nódulos" que compõem a estrutura. Dentre as técnicas utilizadas para a caracterização de arranjos com base em princípios de "similaridade", é possível destacar aquelas que permitem o agrupamento de pontos (ou "nódulos") que estabelecem interações sistemáticas entre si, através da definição de variáveis que expressam essas interações, do levantamento das mesmas por meio de análises quantitativas e da realização de simulações que conduzem à formação de *clusters* de pontos com propriedades comuns. É também comum a realização de uma "análise de correspondência", visando possibilitar a localização dos grupos de agentes num quadro de contingência (geralmente bidimensional), construído a partir de associações entre variáveis. Adicionalmente, algumas análises complementam esse enfoque quantitativo com uma análise qualitativa dos diversos grupos identificados e de possíveis inter-relações entre os mesmos[4].

Em contraste com enfoques que salientam a "similaridade" entre agentes ou entre os vínculos que conformam as redes de firmas, é possível identificar um outro tipo de enfoque que atribui particular importância à "interdependência" dos relacionamentos internos a esses arranjos. Nesse caso, pressupõe-se que uma característica básica das redes de firmas é o agrupamento de agentes não similares, mas que apresentam competências complementares, o que reforça a interdependência entre eles e a necessidade de alguma for-

4 R. Rabellotti, *External Economies and Cooperation in Industrial Districts*: a comparison of Italy and Mexico.

ma de coordenação coletiva ao nível do arranjo. Do ponto de vista metodológico-operacional, essas análises geralmente recorrem a dois instrumentos básicos. O primeiro deles baseia-se na utilização de informações sistematizadas sobre relações inter-industriais (como aquelas disponíveis em matrizes insumo-produto tradicionais ou em matrizes de interações inovadoras entre setores) para, por meio de algum tipo de algoritmo, caracterizar a interdependência entre atividades no interior desses arranjos. O segundo instrumento utilizado nessas análises compreende a análise de *graphos*, através da qual se procura estudar e descrever a estrutura de interações entre entidades particulares (nódulos), visando identificar cliques e outros tipos de relacionamentos em rede que permitem caracterizar aquela interdependência com o necessário rigor analítico.

A partir desse quadro geral de procedimentos de análise, é possível avançar no sentido de uma sistematização dos diversos tipos de investigações empíricas que procuram caracterizar e analisar a estrutura interna de arranjos genericamente relacionados ao conceito de "redes de firmas". O quadro 2 apresenta uma tentativa de sistematização dessas análises, diferenciando-as em função do foco central privilegiado na caracterização do arranjo, da metodologia e das bases de dados utilizadas. Com fins didáticos, essas análises encontram-se agrupadas em função dos elementos estruturais privilegiados na caracterização dos arranjos, evoluindo-se, seqüencialmente, de abordagens centradas nos pontos focais da estrutura (análises do grupo I no quadro apresentado), na direção de abordagens que enfatizam as características específicas dos fluxos intrarede (análises do grupo II) e, finalmente, de abordagens focadas na conformação institucional geral desses arranjos (análises do grupo III no quadro apresentado).

Quadro 2 –Análises com recorte analítico baseado no conceito de rede; uma sistematização

TIPO	FOCO	MÉTODO	BASE DE DADOS
I. Análises baseadas em características dos nódulos e ligações das redes			
1. Redes associadas a firmas específicas	Firma específica e seus relacionamentos	Análises quantitativas e qualitativas dos relacionamentos da firma investigada	Combinação de informações coletadas junto à firma e de informações de bancos de dados sobre cooperação
2. Redes de relacionamentos entre agentes	Estrutura de relações bilaterais	Análise de relacionamentos bilaterais. Tratamento estatístico de informações sobre relações/ Análise topológica baseada em critérios de densidade e centralização	Questionários especificamente formatados para permitir a caracterização de relacionamentos bilaterais/ Utilização de informações de bancos de dados sobre acordos de cooperação e alianças estratégicas entre agentes
3. Redes de relacionamentos interpessoais	Firmas e indivíduos	Tratamento estatístico de informações sobre relacionamentos entre indivíduos	Informações sobre mobilidade do pessoal técnico entre organizações e sobre o intercâmbio de informações/ Informações sobre o caráter mais ou menos sistemático do contato estabelecido entre eles
II- Análises baseadas em características dos fluxos internos às redes			
4. Redes baseadas em fluxos tecnológicos	Agentes e *outputs* tecnológicos	Indução da estrutura da rede via análise de fluxos tecnológicos/ Identificação do padrão de especialização em função de campos técnicos privilegiados.	Informações de bancos de dados sobre fluxos tecnológicos/ Ênfase em *outputs* que refletem cooperação (patentes conjuntas, por exemplo). Importância da sistematização de informações por diferentes campos técnicos.
5. Redes de relacionamentos entre atividades	Estrutura das atividades integradas à rede	Indução da estrutura da rede via análise topológica/ Critérios de similaridade e interdependência entre atividades	Matrizes insumo-produto tradicionais e matrizes de fluxos tecnológicos entre atividades/ Identificação de setores emissores e receptores de inovações e outros tipos de estímulos

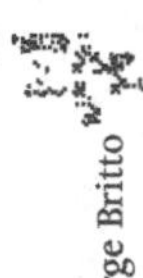

6. Redes técnico-científicas	Agentes e atividades de diferentes "pólos" das redes	Análise qualitativa combinada com técnicas formais (análise fatorial e cluster *analysis*)	Informações sobre intercâmbio de informações e de "intermediários" entre diferentes pólos da rede/ Ênfase na análise dos fluxos de conhecimentos entre "pólos" das redes
7. Redes ancoradas em tecnologias específicas	Agentes e tecnologias específicas	Tratamento estatístico de informações sobre condicionantes da difusão das tecnologias investigadas	Levantamento de informações sobre o grau de difusão de tecnologias indutoras da cooperação e dos fatores que a influenciam/ Comparação entre redes quanto a esse aspecto
III- Análises baseadas na caracterização prévia da rede			
8. Redes ancoradas a programas e projetos cooperativos	Agentes participantes de programas e projetos	Detalhamento institucional dos programas/ Avaliação dos resultados dos programas e dos condicionantes do sucesso	Informações sobre projetos cooperativos coletadas junto a firmas ou a agências de coordenação/ Possibilidade de utilização de questionários estruturados na avaliação de projetos
9. Estudos de caso isolados	Agentes e fatores ambientais Instituições locais	Análises qualitativas e descritivas/ Ênfase na identificação de estímulos ambientais. Possibilidade de sofisticar descrição através de análise fatorial	Informações coletadas diretamente junto aos agentes e instituições integrados à rede sem necessidade de definição prévia de categorias de análise/ Avaliação de condicionantes ambientais e das respostas geradas pela rede
10. Estudos de caso com análise estrutural do arranjo	Agentes e relações	Mescla de análise qualitativa combinada com técnicas formais (análise fatorial e cluster *analysis*), visando caracterizar grupos homogêneos de agentes	Informações coletadas por meio de questionários estruturados combinadas com informações secundárias/ Tratamento de informações visando possibilitar a realização de análise fatorial

Em primeiro lugar, destacam-se abordagens que procuram identificar a estrutura desses arranjos a partir das características dos nódulos e ligações que conformam a rede (grupo 1 no Quadro 2). Esse tipo de tratamento analítico pode ser associado a um enfoque "minimalista" das redes de firmas, no qual a conformação da estrutura seria paulatinamente "desvendada" a partir de uma investigação centrada nas micro-unidades que conformam aqueles sistemas. Do ponto de vista das investigações empíricas, três linhas de desenvolvimento da análise podem ser vinculadas a esse tipo de abordagem.

A primeira delas (tipo 1) envolve a tentativa de caracterização da estrutura da rede a partir da análise do *portfolio* de relacionamentos cooperativos de firmas específicas. Nesse caso, a estrutura da rede é vinculada às estratégias de *networking* de uma firma particular à qual o arranjo estaria vinculado. Esse tipo de análise tende a privilegiar a investigação de redes nitidamente centralizadas, nas quais é possível identificar um vértice central para o qual confluiriam as suas ligações internas. Como aspectos críticos desse tipo de análise, é possível ressaltar a importância de se identificar os objetivos que norteiam as estratégias de *networking* dos agentes centrais da rede. Além disso, nesse tipo de abordagem, a discussão sobre a natureza específica das competências externas mobilizadas através da rede e dos impactos gerados sobre a competitividade da firma que opera como vértice central da rede assume grande importância. Do ponto de vista operacional, o método privilegiado no desenvolvimento da análise baseia-se na realização de análises quantitativas e qualitativas dos relacionamentos da firma investigada. Quanto às bases de dados utilizadas, elas geralmente envolvem uma combinação de informações coletadas junto à firma e de informações de bancos de dados sobre cooperação produtiva e tecnológica.

Uma outra linha de desenvolvimento da análise – também baseada em um enfoque "minimalista" das redes de firmas – baseia-se na caracterização desses arranjos a partir de um conjunto articulado de relacionamentos econômicos bilaterais entre agentes que operam como nódulos da rede (tipo 2). Nesse caso, procura-se utilizar a estrutura de relacionamentos entre agentes integrados à rede como base para a caracterização do arranjo. A ênfase recai na caracterização da estrutura de relacionamentos entre agentes integrados às redes e na identificação do grau de cooperação implícito nesses relacionamentos. O ponto central dessas análises é a caracterização de determinadas propriedades relacionadas à configuração dos vínculos (*links*) que conformam a estrutura. Nesse sentido, os conceitos de "densidade" e "centralização", vínculos entre agentes desenvolvidos nas análises de Leoncini[5], Joly e Mangematin[6] e Duysters[7] mostram-se particularmente úteis para a discussão dessas propriedades. Duas linhas principais de abordagem desenvolvidas a partir dessa perspectiva podem ser mencionadas. A primeira delas (tipo 2A) compreende uma caracterização extensiva das ligações intra-rede para, a partir daí, se delinear a estrutura topológica do arranjo. O que se pretende, nesse caso, é captar a estrutura subjacente ao arranjo por meio da compreensão da maneira como suas ligações internas se articulam. Como exemplo, é possível mencionar análises baseadas no mapeamento amplo de "alianças estratégicas" estabelecidas entre agentes inseridos no arranjo, a partir das quais seria possível visualizar a estrutura de ligações que conformam a rede. A segunda linha de abordagem (tipo 2B) difere da anterior na

5 Intersectoral Innovation Flows and National Technological Systems: network analysis for comparing Italy and German, *Research Policy*, 25, p. 415-430.

6 Les acteurs sont-ils solubles dans les réseaux?, *Économies et Sociétés*, p. 17-50.

7 *The Evolution of Complex Industrial Systems*: the dynamics of major it sectors.

medida em que procura investigar mais cuidadosamente a natureza específica dos relacionamentos bilaterais presentes em uma rede particular. Nesse caso, a análise costuma se restringir às relações *per se*, que são referidas a determinados estamentos hierárquicos – definidos *ad hoc* – que seriam capazes de captar a diversidade institucional do arranjo. O detalhamento desses relacionamentos, do ponto de vista contratual, está geralmente contemplado nesse tipo de análise, assim como algum tipo de avaliação sobre os impactos resultantes em termos da performance dos agentes integrados ao arranjo. Do ponto de vista metodológico, essas análises baseiam-se no levantamento estatístico rigoroso de informações sobre relacionamentos entre agentes, acompanhado de um tratamento indutivo das informações, de modo a permitir um mapeamento da estrutura topológica da rede. Nesse sentido, um aspecto fundamental refere-se à disponibilidade de informações acuradas sobre a estrutura de relacionamentos entre agentes integrados à rede, envolvendo aspectos como a base contratual, o conteúdo e o horizonte temporal dos mesmos. No que se refere às bases de dados requeridas nesse tipo de análise, estas geralmente envolvem informações coletadas junto a bancos de dados sobre acordos de cooperação, alianças estratégicas e operações de fusões-aquisições entre firmas. Essas informações podem ser complementadas com questionários especificamente formatados, no intuito de permitir a caracterização mais detalhada dos relacionamentos bilaterais mantidos pelos agentes investigados, contemplando, inclusive, uma avaliação dos impactos em termos de performance.

É possível mencionar também – ainda dentro de um enfoque "minimalista" das redes de firmas – as análises que optam por privilegiar a descrição e análise de relacionamentos interpessoais entre agentes como ponto crucial para a caracterização

da estrutura desses arranjos (tipo 3). Supõe-se, nesse sentido, que o processo de aglutinação de competências que caracteriza essas redes está indissoluvelmente articulado a contatos diretos entre o pessoal técnico das empresas a elas integradas. Por meio desses contatos seria possível transferir e socializar conhecimentos tácitos, bem como calibrar rotinas organizacionais e padrões de conduta no intuito de atingir objetivos comuns. Além disso, esses contatos seriam fundamentais para viabilizar a adoção de estratégias consistentes que permitissem um enfrentamento coordenado da turbulência ambiental. Essas investigações procuram utilizar a análise dos relacionamentos interpessoais entre indivíduos das diversas organizações que conformam a rede como ponto de partida para a caracterização de arranjos. Além disso, informações relativas a eventuais semelhanças com respeito ao *background* sociocultural e à qualificação formal daqueles indivíduos também são consideradas. Do ponto de vista metodológico, essas análises privilegiam o tratamento estatístico de informações sobre relacionamentos interpessoais entre agentes integrados às redes. As bases de dados utilizadas envolvem informações sobre a mobilidade do pessoal técnico entre organizações e sobre o caráter mais ou menos sistemático do contato estabelecido entre eles. Informações mais detalhadas sobre o tipo de informação transferida através desses contatos também são particularmente importantes.

Dentro da sistematização proposta, é possível identificar um segundo grupo de análises (referenciadas ao grupo II do quadro 2) que privilegia, na caracterização desses arranjos, os fluxos internos (tangíveis e intangíveis) que conformam a rede. Em comparação com as análises anteriormente descritas, esse tipo de enfoque atribui maior importância aos estímulos que circulam através da rede, que é concebida não apenas como uma "estrutura" de ligações entre nódulos, mas também como um sistema de vasos comunicantes por meio dos quais circulam estímulos que são, em última instância, responsáveis pela sobrevivência e crescimento da rede.

Um primeiro tipo de abordagem baseado nessa perspectiva de análise é aquele que privilegia a conformação dos fluxos tecnológicos como elemento central na caracterização das redes de firmas (tipo 4). Nessa perspectiva, a intensificação desses fluxos é vista como um fator que possibilita a aglutinação de competências e o aprofundamento do aprendizado no âmbito da rede. Supõe-se, nesse sentido, que a conformação desses fluxos pode ser avaliada a partir de determinados *outputs* tecnológicos (patentes conjuntas, acordos para transferência de tecnologia, licenças etc.) que denotam um certo padrão de relacionamento entre agentes e a especialização dos mesmos em função de competências específicas[8]. Através da análise desses *outputs*, seria possível inferir tendências quanto ao padrão de especialização dos agentes inseridos na rede – em função, por exemplo, de diferentes campos técnicos – bem como avaliar em quais relacionamentos aqueles fluxos tecnológicos são mais relevantes. Essas investigações contemplam também aspectos qualitativos dos relacionamentos, procurando caracterizar os fluxos "intangíveis" de informações, conhecimentos e competências. Muitas vezes, as análises que abordam esse aspecto optam por utilizar uma proxy* desses fluxos, baseada em determinados "resultados" por eles gerados. Como exemplo, é possível citar análises que utilizam as seguintes proxis dos fluxos intrarede: (i) o número de desenvolvimentos conjuntos (ou melhorias de produto e/ou processo) realizados em conseqüência

8 C. Bas; F. Picard, Réseaux technologiques et innovamétrie: l'appoort de la statisque d'innovation à l'analyse des réseaux technologiques, *Économies et Sociétés*, p. 68-98.

* Proxy: termo em informática utilizado para designar o agente, o intermediário entre um computador cliente e um servidor. (N. da T.)

de uma interação direta entre as partes; (ii) o número de patentes conjuntas obtidas em função desse tipo de interação; (iii) o número de publicações científico-tecnológicas com trabalhos baseados em pesquisas cooperativas entre as partes. Em termos da metodologia de análise, esse tipo de abordagem privilegia um esforço de indução da estrutura da rede através da análise de fluxos tecnológicos e dos *outputs* associados. O objetivo perseguido não é apenas o de mapear esses fluxos, mas também de identificar possíveis padrões de especialização dos agentes integrados à rede em função dos campos técnicos privilegiados. Quanto às bases de dados mobilizadas, elas geralmente envolvem informações de bancos de dados sobre fluxos tecnológicos, privilegiando determinados tipos de *outputs* que evidenciam uma cooperação entre agentes (patentes conjuntas, por exemplo). Destaca-se também a importância de uma sistematização dessas informações por diferentes campos técnicos, de modo a captar o padrão de especialização dos agentes integrados à rede.

Um outro tipo de abordagem, também baseado no detalhamento da conformação dos fluxos internos de determinada rede, é aquele que elege como questão central a natureza específica dos relacionamentos entre atividades integradas à rede (tipo 5). Supõe-se, nesse sentido, que as redes de firmas podem ser concebidas como um "subsistema" produtivo relativamente integrado, no interior do qual ocorre uma multiplicidade de transações envolvendo ativos tangíveis – bens e serviços – e intangíveis – informações e conhecimentos. A tentativa de mapear, com a maior acuidade possível, a conformação da "divisão de trabalho" interna à rede norteia a realização desse tipo de investigação. A partir da hipótese de que a interdependência técnica entre atividades é uma característica central das redes de firmas, esse tipo de abordagem procura utilizar o conteúdo das transações como base para caracterizar a estrutura da rede. Admite-se, nesse sentido, uma diferenciação entre atividades emissoras e receptoras de estímulos, de maneira a captar aquelas de maior relevância para a operação da rede. Dentre as análises formuladas com base nessa perspectiva, é possível mencionar aquelas que concebem as redes de firmas como um subsistema insumo-produto relativamente integrado, nas quais se observa uma preocupação em identificar os "fluxos" de produção que conectam os diversos pontos integrados ao arranjo. O mesmo ocorre em análises que vinculam essas redes a agrupamentos setorialmente localizados de relações entre geradores e usuários de inovações, que poderiam ser captados através da utilização dos "fluxos" de inovação como unidades básicas de análise. Do ponto de vista metodológico, esse tipo de abordagem preconiza uma indução da estrutura da rede através de uma análise topológica do padrão de relacionamento entre atividades, a qual se baseia na distinção entre critérios de similaridade e interdependência. De maneira a obter uma diferenciação de atividades com base naqueles critérios, é comum a realização de uma cluster *analysis* que possibilite o agrupamento de atividades genericamente similares ou interdependentes. Já no que se refere às bases de dados utilizadas, elas envolvem principalmente matrizes insumo-produto tradicionais e matrizes de fluxos tecnológicos entre atividades, a partir das quais seria possível identificar atividades emissoras e receptoras de inovações e de outros tipos de estímulos.

Outra abordagem baseada na análise dos fluxos internos das redes de firmas está relacionada à noção de "redes técnico-científicas" ou "redes técnico-econômicas" (tipo 6). Nesse caso, a hipótese central é que a estrutura da rede é composta de diferentes "pólos" que expressam o processo por meio do qual novos conhecimentos passíveis de aplicações produtivas são gerados no meio científico e paulatinamente transferidos

para a esfera industrial[9]. Essas redes envolvem interações entre pólos associados a firmas e instituições científico-tecnológicas, estando geralmente associadas a tecnologias específicas. Supõe-se, nesse caso, que tal processo envolve uma articulação entre diferentes pólos, que se movem segundo lógicas distintas em termos de objetivos, valores e procedimentos de conduta. Os fluxos internos das redes, nessa perspectiva, estariam relacionados à transferência de "intermediários" entre os diferentes "pólos" envolvidos com a geração e aplicação produtiva daqueles conhecimentos. Nessa perspectiva, o foco central da análise refere-se às características dos agentes e atividades inseridas nos diferentes "pólos" das redes e dos intermediários que são transferidos entre eles. Em termos da metodologia privilegiada, observa-se uma ênfase em análises qualitativas combinadas com técnicas formais de tratamento das informações levantadas (análise fatorial e cluster *analysis*). Quanto às bases de dados utilizadas, elas geralmente dizem respeito ao intercâmbio de informações e de "intermediários" entre pólos que se movem segundo lógicas distintas. Através da análise dessas informações procura-se captar características dos fluxos de conhecimentos transferidos entre diferentes "pólos" das redes.

Ainda considerando abordagens baseadas no detalhamento dos fluxos internos de determinada rede, destacam-se análises nas quais esses arranjos encontram-se ancorados em tecnologias específicas, a partir das quais é possível identificar alguns fluxos internos desses arranjos (tipo 7). Nesse sentido, um enfoque muito utilizado é aquele que privilegia determinadas tecnologias de comunicação-telecomunicação (EDI, *e-commerce* etc.) na caracterização dos fluxos internos desses arranjos. Supõe-se,

9 M. Callon et al.,The Management and Evaluation of Technological Programs and the Dynamics of Techno-economic Networks: the case of the AFME, *Research Policy*, p. 215-236.

nesse caso, que é possível referenciar as redes a uma determinada infra-estrutura tecnológica que possibilita e estimula a cooperação entre agentes. Desse modo, a inserção dos diversos agentes na rede seria reflexo da maneira como a tecnologia em questão se difunde entre eles. A metodologia utilizada nesse tipo de abordagem baseia-se principalmente no tratamento estatístico e na análise de informações sobre condicionantes da difusão das tecnologias investigadas ao nível das firmas supostamente integradas à rede. Para viabilizar esse tipo de análise, as bases de dados utilizadas referem-se a informações sobre o grau de difusão de tecnologias indutoras da cooperação entre agentes e dos fatores que influenciam esse processo de difusão. Avaliações subjetivas dos próprios agentes sobre os impactos dessas tecnologias e sobre os principais fatores que atuam como estímulos ou obstáculos ao processo de difusão também costumam ser consideradas nesse tipo de abordagem.

Um terceiro tipo de abordagem (referenciado ao grupo III no quadro 2) baseia-se na hipótese de que a rede em questão pode ser identificada por um observador externo, sem que o mesmo tenha necessariamente de partir de seus elementos constituintes. Essas análises baseiam-se, portanto, na possibilidade de caracterização prévia da rede como estrutura observável. Desse modo, elas podem prescindir de uma metodologia própria para identificação do arranjo, na medida em que o mesmo já possui algum tipo de consistência institucional prévia. Nesse caso, a tarefa que cabe ao investigador refere-se, basicamente, à análise do padrão de estruturação dos vínculos cooperativos dentro dessa estrutura, ressaltando-se os benefícios gerados para os agentes e outros elementos que atuam como incentivos (ou eventualmente como obstáculos) à continuidade daqueles relacionamentos.

Um primeiro tipo de abordagem baseado na suposição de que a rede pode ser vista como uma estrutura previamente

"observável" é aquele que vincula esse tipo de arranjo a projetos cooperativos institucionalmente estruturados que articulam diferentes agentes com o intuito de gerar algum tipo de benefício econômico – determinada inovação tecnológica, por exemplo (tipo 8). Nesse caso, supõe-se que é possível caracterizar a rede como objeto de análise a partir da pré-existência de programas ou projetos indutores da cooperação entre seus membros. Esses programas seriam responsáveis pela conformação institucional da rede, na medida em que a mesma só existe por estar vinculada a eles. O foco da análise é, portanto, esses projetos, ou programas, e os agentes a eles vinculados. A metodologia de análise geralmente envolve a tentativa de detalhamento institucional dos programas e projetos implementados, inclusive quanto aos resultados obtidos. A utilização de questionários estruturados para avaliação desses projetos é bastante comum, inclusive contemplando um detalhamento dos fatores condicionantes do sucesso ou fracasso dos mesmos. As bases de dados utilizadas contemplam informações sobre os projetos implementados que conformam a rede. Geralmente, essas informações são obtidas diretamente junto aos agentes participantes ou através de alguma instância de coordenação daqueles projetos (uma agência do governo, por exemplo).

Outra abordagem que também concebe a rede como uma estrutura "observável" é aquela estritamente baseada na análise de "estudos de caso" de estruturação desse tipo de arranjo (tipo 9). Geralmente, essas análises apresentam um caráter "intuitivo", baseando-se na hipótese de que a utilização do conceito de "rede" como recorte analítico pode auxiliar na compreensão de um fenômeno econômico particular, geralmente marcado pela presença de vínculos sistemáticos entre agentes e/ou atividades. Nesse caso, a análise reflete um percurso metodológico que pressupõe a existência de um emaranhado de relações entre agentes, as quais conformam uma estrutura com uma certa especificidade institucional, que constitui um objeto relevante de investigação. Dentre as análises que optam por esse tipo de enfoque, é possível destacar aquelas que abordam a consolidação de "distritos industriais" – investigados a partir de desdobramentos da análise originariamente formulada por Marshall[10] – no interior dos quais é possível observar um conjunto institucionalizado de relações entre diversos agentes. As análises elaboradas com base nesse recorte geralmente são de natureza qualitativa e descritiva, selecionam um exemplo de rede e procuram analisá-lo de forma exaustiva, inclusive por meio do detalhamento de sua estrutura interna e da sua conformação institucional. Observa-se também uma ênfase na discussão dos fatores ambientais que estimulam ou dificultam a disseminação de práticas cooperativas entre agentes e a maneira como tais fatores influenciam a conformação institucional do arranjo. As análises qualitativas e descritivas elaboradas podem ser aperfeiçoadas através da utilização de algum tipo de instrumental (análise fatorial ou *logit*, por exemplo) que permita avaliar os fatores críticos para o sucesso do arranjo (em termos da geração de algum tipo de benefício econômico). Quanto às bases de dados utilizadas, essas geralmente envolvem informações coletadas diretamente junto aos agentes integrados à rede – muitas vezes através da aplicação de questionários estruturados. As categorias de análise privilegiadas tendem a ser definidas a partir da identificação de hipóteses básicas que orientam o esforço de investigação. Geralmente, essas hipóteses estão relacionadas a algumas dimensões dos relacionamentos cooperativos que tendem a ser privilegiadas na análise, como, por exemplo, a natureza específica das "ações coletivas" adotadas pelos agentes e os impactos gerados em termos

10 A. Marshall, *Industry and Trade*.

da consolidação de mecanismos de aprendizado que reforçam a eficiência e a competitividade dos mesmos.

Finalmente, um último tipo de abordagem (tipo 10) compreende a tentativa de "mesclar" a realização de investigações de caráter mais descritivo com uma análise estrutural mais elaborada da rede[11]. Nesse caso, a análise desenvolve-se a partir da tentativa de articular a descrição "institucional" da rede à definição de grupos homogêneos de agentes presentes em seu interior, cuja conduta e performance poderiam ser avaliadas por indicadores específicos. Por meio da utilização de técnicas específicas (análise fatorial e *cluster analysis*, em especial) procura-se identificar aqueles grupos, articulando-os a elementos concretos que permitem diferenciar suas características. Supõe-se, nesse sentido, que a realização de uma análise estrutural mais detalhada é fundamental para a compreensão das formas de operação dos arranjos e dos possíveis impactos em termos da sua performance econômica. Este tipo de análise se presta principalmente à comparação de diferentes redes – como no caso de diferentes "distritos industriais" presentes em uma atividade particular – em termos da sua conformação interna. A metodologia de análise baseia-se principalmente na aplicação de questionários estruturado que visa possibilitar a caracterização de grupos homogêneos de agentes via análise fatorial. Desse modo, procura-se combinar análises qualitativas com técnicas formais de agrupamento de agentes com características comuns (via análise fatorial e *cluster analysis*). As bases de dados utilizadas contemplam informações coletadas através da aplicação de questionários estruturados, eventualmente complementadas com informações secundárias sobre os agentes ou sobre a própria conformação institucional da rede.

11 R. Rabelotti, op. cit.

Considerações Finais

A título de conclusão, é possível ressaltar alguns desdobramentos importantes da análise realizada. Nesse sentido, é importante considerar alguns problemas metodológicos rotineiramente presentes na análise das redes de firmas. O primeiro deles decorre do fato de que essas estruturas são, na verdade, construções abstratas elaboradas com o intuito de reforçar o poder explicativo de um determinado tipo de análise. De fato, não se deve esperar que os agentes econômicos integrados às redes de firmas tenham maior clareza sobre as características morfológicas dessas estruturas. Pelo contrário, estas são, do ponto de vista dos agentes que as compõem, essencialmente "opacas", estando associadas a um conhecimento imperfeito da parte dos atores sobre as relações, conexões, interações e interdependências que se estabelecem no interior das mesmas. Do ponto de vista metodológico, investigações empíricas sobre as características e as formas de operação das redes de firmas devem, sempre que possível, avaliar o grau de "autoconhecimento" dos agentes sobre o arranjo ao qual eles, presumidamente, estariam integrados. Um segundo problema refere-se à dificuldade prática para se definir os "limites" das redes de firmas. A possibilidade de uma extensão ilimitada das relações que compõem determinada rede é ressaltada por Hakasson e Johanson[12], para quem a imposição de limites à estrutura é, em geral, arbitrária, dependendo de interpretações particulares do investigador.

Um outro aspecto importante a ser considerado refere-se especificamente ao processo de transformação (*network change*) dessas

12 H. Hakansson; J. Johanson, The Network as a Governance Structure: interfirm cooperation beyond markets and hierarchies, em G. Grabher (ed.) *The Embedded Firm:* on the socioeconomics of industrial networks, p. 43.

estruturas ao longo do tempo. Nesse caso, a investigação torna-se mais complicada, em função não apenas da necessidade de incorporar-se uma dimensão intertemporal à análise, mas também devido à necessidade de identificar as forças endógenas de transformação que surgem a partir de uma combinação particular dos elementos estruturais desses arranjos anteriormente mencionados – nódulos, ligações, posições e fluxos. Quanto a esse aspecto, duas questões cruciais são levantadas por Axelsson[13]. A primeira delas compreende a necessidade de se identificar empiricamente essas transformações. De fato, as evidências apresentadas pela literatura demonstram que as redes de firmas são essencialmente heterogêneas no que se refere à sua "velocidade" de transformação. A segunda questão, por sua vez, refere-se à necessidade de correlacionar-se a evolução das redes de firmas às características e evolução das indústrias a elas associadas. Nesse sentido, análises mais cuidadosas sobre o fenômeno devem incorporar a preocupação em avaliar como as características técnico-produtivas de cada indústria e os estímulos relacionados ao processo competitivo afetam a estrutura e o padrão evolutivo desses arranjos.

Referências Bibliográficas

ANTONELLI, Cristiano. *The Economics of Information Networks*. Amsterdam: North-Holland, 1992.

ARCANGELI, Fabio; BELUSSI, Fiorenza; GRUIN, V. Towards the "Penelope" Firm: retractile and reversible networks, ASEAT. Manchester, 6-8 september 1995.

AXELSSON, Björn. Network Research – future issues. In: AXELSSON, Björn.; EASTON, G. (eds.), *Industrial Networks*: a new view of reality. London: Routledge, 1993.

13 B. Axelsson, Network Research – future issues, em B. Axelsson; G. Easton (eds.), *Industrial Networks*: a new view of reality.

BAKOS, Yannis J.; BRYNJOLFSSON, Erik. From Vendors to Partners: information technology and incomplete contracts in buyer-supplier relationships. Center for Coordination Science Technical Repport, MIT Sloan School of Management, mimeo, 1993.

BANDT, Jacques de. Aproche Meso-économique de la Dynamique Industrielle. *Revue d'Économie Industrielle*, n. 49, 3er trimestre, 1989.

BAS, Christian; PICARD, Fabienne. Réseaux technologiques et innovamétrie: l'appoort de la statisque d'innovation à l'analyse des réseaux technologiques. *Économies et Sociétés*, Serié Dynamique Technologique et Organisation, n. 2, septembre 1995.

BAUDRY, Bernand; BOUVIER-PATRON, Paul. De la sous-traitance traditionelle à la sous-traitance partenariale: une application de la théorie de l'agence. In: HOLLARD, Michael (dir.), *Genie Industriel*: les enjeux economiques. Press Universitaires de Grenoble: PUG, 1994.

BEIJE, Paul R.; GROENEWEGEN, John. A Network Analysis of Markets. *Journal of Economic Issues*, v. XXVI. 1, march, 1992.

BELLET, Michel. Une Approche Indirecte des Flux Intersectoriels de Technologie sur le cas Français (1972-1984). *Économies et Sociétés*. Série Dynamique Technologique et Organisation, n. 3, 1996.

BRITTO, Jorge. *Características Estruturais e* Modus-operandi *das Redes de Firmas em Condições de Diversidade Tecnológica*, Tese de Doutorado. Instituto de Economia da UFRJ, 1999.

_____. Elementos Estruturais e Mecanismos de Operação das Redes de Firmas: uma discussão metodológica. *Anais do V Enep*, Sociedade Brasileira de Economia Política (SEP). Fortaleza, junho de 2000.

CALLON, Michel; LAREDO, P.; RABEHARISON, V.; GONARD, T.; LORAY, T. The Management and Evaluation of Technological Programs and the Dynamics of Techno-Economic Networks: the case of the AFME. *Research Policy*, 21, 1992.

CAMAGNI, Robeto. Inter-firm Industrial Networks: the costs and benefits of cooperative behaviour. *Journal of Industrry Studies*, v. 1, n.1, october, 1993.

CLARISSE, B.; DEBACKERE, Koen; DIERDONCK, R. Research Networks and Organisational Mobility in an Emerging Technological Field: the case of plant biotechnology. *Economic Innovation and New Tecnnolgy*. Harwood Academic Publishers, v. 4, 1996

COOMBS, Rod; RICHARDS, Albert; SAVIOTTI, Pier Paolo; WALSH, Vivien (eds.). *Technological Collaboration*: the dynamics of cooperatiom in industrial innovation. Edward Elgar, 1996.

CORIAT, B.; GOUGEON, J.; LUCCHINI, N. Pourquoi les Firms Cooperent-elles? *Working Paper* 9401. Centre de Pecherche en Economie Industrielle, Université Paris XIII, 1994.

CUSUMANO, Michael A.; TAKEISHI, Akira. Supplier Relations and Management: a survey of japanese, japanese-transplant and U.S. auto plants. *Strategic Management Journal*, 12, 1991.

DEBRESSON, Christian (ed.). *Economic Interdependence and Innovative Activity*: an input-output analyis, Edward Elgar, 1996.

______.; SIRILLI, G.; HU, X.; LUK, F. K. Structure and Location of Innovative Activity in the Italian Economy, 1981-85. *Economic Systems Research*, v.6, n. 2, 1994.

DUYSTERS, Geert. *The Evolution of Complex Industrial Systems*: the Dynamics of Major IT Sectors. Dissertation n.95-24. Maastricht: Faculty of Economics and Business Administration, University of Limburg, 1996.

ECONOMIDES, Nicholas. The Economics of Networks. *International Journal of Industrial Organization*, 14, n. 2, march, 1996.

FORAY, Dominique. The Secrets of Industry are in the Air: industrial cooperation and the organizational dynamics of the innovative firm. *Research Policy*, n. 20, p. 393-405, 1991.

FREEMAN, Christopher. Networks of Innovators: a synthesis of research issues. *Research Policy*, n. 20, p. 499-514, 1991.

GARAMBELLA, Alfonso; GARCIA-FONTES, Walter. Regional Linkages Through European Research Funding. *Economic Innovation and New Tecnnolgy*. Harwood Academic Publishers, v. 4, p 123-138, 1996.

GARICANO, Luis; KAPLAN, Steven N. The Effects of Business to Business E-commerce on Transaction Costs. *Working Paper* 8017. National Bureau of Economic Research, Cambridge, MA, november, 2000.

GAROFOLI, Gioacchino. Economic Development, Organization of Production and Territory. *Revue d'Economie Industrielle*, n. 64, 2. trimestre, 1993.

GRANDORI, Anna; SODA, Giuseppe. Inter-firm Networks: Antecedents, Mechanisms and Forms. *Organization Studies*, 16/2, p. 183-214, 1995.

GRANOVETTER, Mark. Economic Action and Social Structure: the problem of embeddedness. *American Journal of Sociology*, v. 91, n. 3, 1985.

HAGEDOORN, John; DUYSTERS, Geert. Strategic Groups and Inter-firm Networks in International High-Tech Industries. *Jornal of Management Studies*, v. 32, n. 3, may, 1995.

HANEL, Petr. Interindustry Flows of Technology: an analysis of the Canadian patent matrix and input-output matrix for 1978-1989. *Technovation*, 14(8), p. 529-548, 1994.

HAKANSSON, Hakan (ed.) *Industrial Technological Development*: a network approach. London: Croom Helm, 1987.

______. *Corporate Technological Behaviour*: cooperation and networks. London and New York: Routledge, 1989.

______.; JOHANSON, Jan. The Network as a Governance Structure: interfirm cooperation beyond markets and hierarchies. In: GRABHER, G. (ed.) *The Embedded Firm*: on the socioeconomics of industrial networks. London and New York: Routledge, 1993.

HICKS, Diana M.; ISARD, Phoebe A.; MARTIN, Ben R. A Morphology of Japanese and European Corporate Research Networks. *Research Policy*, 25, p. 359-378, 1996.

HUMAN, Sherrie; PROVAN, Keith An Emergent Theory of Structure and Outcomes in Small-firm Strategic Manufacturing Networks. *Academy of Management Journal*, v. 40, n. 2, p. 368-403, 1997.

HUSLER, J.; HOHN, H.; LUTZ, S. Contigences of Innovative Networks: a case study of successful interfirm R&D collaboration. *Research Policy*, n. 23, 47-66, 1994.

JARILLO, Jose Carlos. On Strategic Networks. *Strategic Management Journal*, v. 9, p. 31-41, 1988.

JOLY, P. B. ; MANGEMATIN, V. Les acteurs sont-ils solubles dans les réseaux?. *Économies et Sociétés,* Série Dynamique Technologique et Organisation, n. 2, septembre, 1995.

KARLSSON, Charlie; WESTIN, Lars. Patterns of a Network Economy –an Introduction. In: JOHANSSON, Börge; KARLSSON, Charlie.; WESTIN, Lars. (eds.) *Patterns of a Network Economy*, Springer-Verlag, 1994.

KIRMAN, Alan. The Economy as an Evolving Network. *Journal of Evolutionary Economics*, n. 7, p. 339-353, 1997.

KNOKE, David; KUKLINSKI, James. H. Network Analysis: basic concepts. In: THOMPSON, Grahame; FRANCES, Jennifer; LEVACIC, Rosalid; MITCHELL, Jeremy. (eds.) *Markets, Hierarchies and Networks*. London: Sage Publications, 1991.

KREINER, K.; SCHULTZ, Majken. Informal Collaboration in R&D. The Formation of Networks Across Organizatons. *Organization Studies*, 14/2, p. 189-209, 1993.

LAKSHMANAN, T. R.; OKUMURA, Makato. The Nature and Evolution of Knowledge Networks in Japanese Manufacturing. *Papers in Regional Science*, v. 74, n. 1, p.63-86, 1995.

LANGLOIS, Richard; ROBERTSON, Paul *Firms, Markets and Economic Change* –a dynamic theory of business institutions. London and New York: Routledge, 1995.

LEONCINI, R.; MAGGIONI, M. A.; MONTRESOR, S. Intersectoral Innovation Flows and National Technological Systems: network analysis for comparing Italy and German. *Research Policy*, 25, 1996.

LUNDGREEN, Anders. *Technological Innovation and Network Evolution*. London and New York: Routledge, 1994.

MARSHALL, Alfred. *Industry and Trade*. London: Macmillan, 1920.

MARKUSEN, Ann Sticky Places in Slippery Space: a typology of industrial districts. *Economic Geography*, p 293-313, 1994.

MONTFORT, M. J. A la Recherche des Filières de Production. *Economique et Statistique*, n. 151, Paris, 1993

PARK, Seong Hee. Managing an Interorganizational Network; framework of the institutional mechanisms for network control. *Organization Studies*, 17/5, p. 795-824, 1996.

PROCHNICK, Victor. *Redes de Firmas em Setores Intensivos em Tecnologia no Brasil*. Tese de Doutorado. Coppe-UFRJ, Dezembro, 1996.

PYKE, Frank. Small Firms, Technical Services and Inter-firm Cooperation. *Research Series*, n. 99, International Institute for Labour Studies, ILO, Geneva, 1994.

______.; SENGENBERGER, Werner. (eds) *Industrial Districts and Local Economic Regeneration*. Geneva: International Institute for Labour Studies, 1992.

RABELLOTTI, Roberta *External Economies and Cooperation in Industrial Districts: a comparison of Italy and Mexico*. PhD Thesis, Institute of Development Studies (IDS), University of Sussex, 1995.

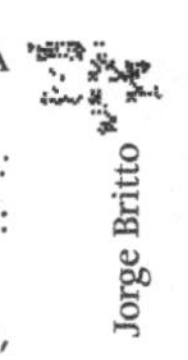

ROCHA, Carlos Frederico Leão *Competências Tecnológicas e Cooperação Inter-firma:* resultados da análise de patentes depositadas em conjunto. Rio de Janeiro: Instituto de Economia Industrial – UFRJ, 1995. Tese de Doutorado.

ROELANDT, T. J. A.; HERTOG, P. (eds) *Boosting Innovation*: The cluster approach, OECD, 1999.

SCHMITZ, Hubert. "Collective Efficiency: growth path for small-scale industry". *The Journal of Development Studies*, v. 31, n. 4, April, 1995.

______.; MUSYCK, B. Industrial Districts in Europe: policy lessons for developing countries. *World Development*, v. 23, n. 1, p. 9-28, 1995.

______.; NADVI, K. Industrial Clusters in Less Development Countries: review of experiences and research agenda. *IDS Discussion Paper*. University of Sussex, january, 1994.

SEMLINGER, K. Small Firm and Outsourcing as Flexibility Reservoirs of Large Firms. In: GRABHER, G. (ed.). *The Embedded Firm*: on the socioeconomics of industrial networks. London and New York: Routledge, 1993.

______. Innovation, Cooperation and Strategic Contracting. Paper prepared for the international colloquium on Management of Technology: Implications for Entreprise Management and Public Policy, Paris, May, 1991.

STEINFIELD, C.; KRAUT, R.; BUTLER, B.; HOAG, A. Coordination Modes and Producer-supplier Integration: empirical evidence from four industries, *OECD Workshops on the Economics of the Information Society*, Workshop n. 6. London, march 19-20, 1997

STORPER, Michael; HARRISON, Bennet. Flexibility, Hierarchy and Regional Development: the changing structure of industrial production systems and their forms of governance in the 1990s. *Research Policy*, n. 20, p. 407-422, 1991.

THOMAS, R. External Techonology in Industrial Networks: relationship strategy and management. *Aseat Conference*, Umist, april, 1993.

VERBEEK, H. *Innovative Clusters*: identification of value-adding production chains and their networks of innovation, an international studies. Doctoral Thesis. Faculteit der Economische Wetenschappen van de Erasmus Universiteit te Rotterdam, 1999.

WEBSTER, J. Networks of Collaboration or Conflict?: eletronic data interchange and power in the supply chain. *Journal of Strategic Information Systems*, v. 4, n. 1, 1995.

YOUGUEL, G.; BOSCHERINI, F. *Some Considerations aout the Measuring of the Innovative Processes*: the relevance of the informal and incrmental features; mimeo, 1997.

ZUSCOVITCH, Ehud; COHEN, G. Network Characteristics of Technological Learning: the case of the european space program. *Economic Innovation and New Tecnnolgy*, v. 3, p. 139-160, 1994.

modelando redes terroristas

[Philip Vos Fellman e Roxana Wright]

A fúria do terrorista é raramente descontrolada. Ao contrário da opinião popular e da divulgação da mídia, a maior parte do terrorismo não é enlouquecido, tampouco arbitrário. Ao contrário, os ataques terroristas são geralmente tão cuidadosamente planejados quanto premeditados.
[Bruce Hoffman, rand Corporation]

O melhor método para controlar algo é entender como ele funciona.
[J. Doyne Farmer, Instituto Santa Fé]

Introdução

Quando começamos a pensar sobre como organizar este capítulo, lembrei-me de duas afirmações que me impressionaram muito quando era estudante de política da segurança nacional na Universidade de Yale, há quase duas décadas. Paul Bracken, que havia acabado de deixar o Hudson Institute, onde trabalhara por vários anos para Hermann Kahn, o "pai da moderna estratégia nuclear", logo deixou bem claro que a nossa política de segurança nacional, que naqueles dias era principalmente focada no comando e no controle de forças nucleares, é caracterizada por *níveis* irredutíveis de ambigüidade e complexidade.

A revolução matemática da teoria do caos e ciência da complexidade forneceu novas e poderosas ferramentas de modelagem que eram inimagináveis há apenas uma geração atrás. O ritmo das mudanças tecnológicas uniu-se à emergência de novas ciências de um modo que seria difícil conceber em um passado relativamente recente. Por exemplo, uma das primeiras finalidades do Ato da Administração de Exportações americano de 1979 era a de impedir a migração de tecnologias de uso civil e militar – como a da arquitetura de 32 bits do Microprocessador 80486 da Intel –, que poderia ser usado como um sistema de localização de alvos para mísseis balísticos intercontinentais (ICBMs). Hoje, há mais ciência e tecnologia envolvidas no controle da crescente dinâmica de atrasos no tráfego da internet do que no projeto do sistema de navegação para a correção de trajetória em qualquer sistema de reentrada de mísseis balísticos[1]. Quando esses tipos de desenvolvimentos tecnológico são combinados com o novo poder de atores autônomos não-estatais e as diversas vulnerabilidades persistentes em sistemas complexos, auto-organizativos , os desafios da segurança nacional no século XXI tomam, de fato, um caráter inteiramente diferente e requerem ferramentas, técnicas, recursos, modelos

1 Ver, de Qong Li e David Mills, *Investigating the Scaling Behavior, Crossover and Anti-persistence of Internet Packet Delay Dynamics*. Procedures of the IEEE GLOBECOM Symposium (Rio de Janeiro, Brazil, december 1999), p. 1843-1852.

e conhecimento que são fundamentalmente diferentes dos seus predecessores do século xx.

No contexto dessa dinâmica emergente, uma abordagem apropriada para modelar redes terroristas e seus fluxos de informação, dinheiro e material precisa ser estruturada de tal maneira que, no nível intermediário, diversas agências governamentais possam compartilhar eficientemente as informações, dispersar e reduzir riscos, em especial o risco vinculado a infra-estruturas sensíveis ou riscos epidemiológicos oriundos de armas biológicas.

O Terrorismo não é Aleatório

J. Doyne Farmer, pesquisador do Santa Fe Institute, captura o argumento de não-aleatoriedade de Hoffman em uma entrevista ao *site* Edge (www.edge.com), quando diz que:

> Aleatoriedade e determinismo são os pólos que definem os extremos em toda a atribuição de causalidade. É claro que a realidade está geralmente em algum ponto intermediário. Segundo Poincaré, nós dizemos que algo é aleatório se a causa parece ter pouco a ver com o efeito. Mesmo que não haja nada mais determinístico do que a mecânica celestial, se alguém for atingido na cabeça por um meteoro, dizemos que isto foi um azar, um evento aleatório, porque sua cabeça e o meteoro não tinham nada a ver um com o outro. Ninguém jogou o meteoro, e ele poderia ter atingido qualquer outra pessoa. O ponto de vista correspondente aqui é o de que Bin Laden e seus associados são uma anomalia, e o fato que estão nos escolhendo é apenas azar. Nós não fizemos nada de errado e não há nenhuma

razão para mudar nosso comportamento; se pudermos apenas nos livrar deles, o problema desaparecerá. Esta é a visão que todos nós gostaríamos de acreditar porque a solução é muito mais fácil[2].

Farmer continua o raciocínio explicando o óbvio, em concordância com Fuller e Hoffman: mesmo que gostemos de acreditar na teoria do "azar", o terrorismo geralmente tem causas profundas e subjacentes, e não é provável que desapareça por si só. De fato, tal como demonstraram Bruce Russet e Paul Kennedy, da Universidade de Yale, no caso de vítimas da guerra, que aumentam em uma ordem de grandeza a cada século[3], parece haver um padrão emergente onde o número total das vítimas resultante do terrorismo está crescendo também em taxa exponencial.

Contudo, chegar às raízes do terrorismo é algo que se enquadra na categoria da complexidade e ambigüidade irredutíveis. É, na verdade, essa dificuldade que nos conduz a buscar soluções intermediárias ao invés de propor sistemas ou metodologias hipotéticos que tornassem os atos terroristas altamente previsíveis (e assim, teoricamente evitáveis), ou então que permitissem desmontar as organizações terroristas assim que se formassem. Em termos de propriedades formais do sistema, o comportamento terrorista fica em algum lugar entre o puramente caótico e o inteiramente determinístico, o que representamos como um sistema dinâmico não-linear, caracterizado por um atrator caótico de baixa ordem.

Como um padrão de comportamentos, o terrorismo pode ser modelado do mesmo modo que outros fenômenos que exi-

2 J. Doyne Farmer, What now?, em www.edge.org/documents/whatnow/whatnow_farmer.html.

3 (a) Bruce Russett; Harvey Starr; David Kinsella, *World Politics*: the menu for choice. Wadsworth Publishing, 6th edition, 1999; (b) Paul M. Kennedy, *The Rise and Fall of the Great Powers*: economic change and military conflict from 1500 to 2000, Vintage Books, 1989.

bem regularidade, mas não periodicidade (i.e., localmente aleatório, mas globalmente definido)[4]. Farmer, por exemplo, descreve as duas principais abordagens para tratar da previsibilidade em um sistema "caótico". A primeira é a metodologia preditiva formal. Relacionando o terrorismo aos sistemas "simples"[5], como as roletas, os líquidos turbulentos e os mercados de ações, Farmer explica:

> Para prever a trajetória de algo, você precisa compreender todos os detalhes e monitorar cada detalhe. Isto é como resolver o problema do terrorismo pela vigilância e pela segurança. Estabeleça um sistema que detecte e siga cada terrorista e impeça-os de agir. *Esta é uma solução tentadora, porque é fácil construir um consenso político para esse fim*, e isto *envolve tecnologia, que é algo em que nós somos bons*. Mas se há algo que aprendi em meus vinte cinco anos de tentativas de predizer sistemas caóticos, é que *isto é muito difícil, e é basicamente impossível de fazê-lo bem*.

4 No nível matemático básico, esse tipo de fenômeno é explicado muito claramente por Edgar Peters em *Chaos and Order in the Capital Markets*, John Wiley and Sons, 1992. Um tratamento mais rigoroso pode ser encontrado em Statistical Mechanics of Complex Networks, de Reka Albert e Laszlo Barbási, 6. jun. 2001, http://www.nd.edu/~networks/Papers/review.pdf

5 Aqui, Farmer está se divertindo um pouco às custas de sua audiência. Por sistemas "simples" ele quer dizer sistemas complexos, não-lineares, cujos atratores estranhos são uma das dimensões suficientemente baixas que existem em um fenômeno observável de um estado espacial densamente agrupado, e mapeamento com exponentes de Lyapunov, relativamente tratável. Um sistema "complexo" nesse contexto, seria um com estado espacial esparsamente populado, com bifurcações ocorrendo tão freqüentemente que, mesmo havendo um atrator estranho, a "maldição da dimensionalidade" torna-o computacionalmente intratável. O trabalho definitivo sobre esse assunto é (a) artigo de Farmer, Chaotic Attractors of an Infinite-Dimensional Dynamical System, *Physica D*, v. 4, 1982, p. 366-393. Uma boa demonstração das técnicas envolvidas é (b) Shampine e Thompson's, Solving Delay Differential Equations with dde23, disponível em www.cs.runet.edu/~thompson/webddes/tutorial.html#CITEjdf; (c) Stuart Kauffman também comenta o trabalho de Farmer em The Structure of Rugged Fitness Landscapes, *The Origin of Order*, Oxford University Press, 1993, p. 33-67.

> Isto se aplica especialmente quando a situação envolve um grande número de atores independentes, cada qual difícil de ser previsto. Devemos pensar com cuidado sobre situações similares, tais como a guerra contra as drogas: enquanto houver pessoas dispostas a pagar muito dinheiro por drogas, por mais que tentemos impedi-los, as drogas serão produzidas, e traficantes e negociantes descobrirão como evitar a interceptação. Estamos lutando contra as drogas por mais de trinta anos, e essencialmente não fizemos nenhum progresso. Se abordarmos o terrorismo da mesma maneira, certamente iremos falhar, e pelas mesmas razões[6].

Por essa razão, juntamente com os argumentos citados em nossas referências, reconhecemos a impossibilidade de previsão total. Entretanto, ainda acreditamos que acima de qualquer ação que possa ser adotada ao nível do Estado, o maior espaço para aperfeiçoar o desempenho daquelas organizações ligadas ao combate e à prevenção ao terrorismo está no nível intermediário. Isto é, consideramos que a aplicação dos avanços mais recentes da ciência tem mais chance de colher frutos na luta contra o terrorismo não ao nível da liderança estatal ou ao nível do mapeamento e da predição do comportamento de cada terrorista individualmente, mas, ao contrário, em um nível médio ou organizacional, o qual, segundo a saudosa Theda Skocpol, caracterizamos como a "ação no nível intermediário".

11 de setembro e os modelos de análise de redes: propriedades distributivas simples

A primeira dificuldade que o analista deve enfrentar para construir uma análise de rede de organizações terroristas é a de

6 Ver nota 2.

construir um mapa exato. Valdis Krebs, que usou a análise de redes para fazer uma extensa análise da rede dos terroristas do dia 11 de setembro, explica três problemas que encontrou logo de início. Referenciando o trabalho de Malcolm Sparrow, Krebs nota que qualquer analista de redes sociais tende a enfrentar três obstáculos, independente do contexto. São eles:

1. Incompletude – a inevitabilidade de nós e ligações faltantes que os investigadores não descobrirão.
2. Limites imprecisos – a dificuldade em decidir quem incluir e quem não incluir.
3. Dinâmica – essas redes não são estáticas, estão em constante mudança[7].

Há ainda certo paradoxo no fato de que, mesmo utilizando-se da mais sofisticada metodologia, tal como a medição da intensidade dos vínculos em redes terroristas (i.e., valores vetoriais *versus* valores escalares), há possibilidade de obter-se como resultado um mapa que não seja útil. Uma razão para isto é que muitos dos fatores que determinam a força dos elos terroristas são as conexões prévias, que não são facilmente mensuradas e que, quando consideradas em um curto período de tempo, podem deixar o analista com uma rede muito esparsa e impraticável para fins de análise[8].

A baixa densidade das redes terroristas, entretanto, também pode ser uma faca de dois gumes. Nos mapas iniciais de Krebs (figura 1), ele descobriu que dezenove membros da rede apresentavam um comprimento médio de trajeto de 4,75 passos entre si, com alguns dos seqüestradores separados por mais

7 Valdis Krebs, Uncloaking Terrorist Networks, em www.firstmonday.dk/issues/issue7_4/krebs/
8 Idem.

de 6 passos, enquanto alguns dos associados estavam além do horizonte observável do evento. Krebs descreve o fenômeno como uma troca de eficiência por segredo. Uma outra forma de descrever esse processo é a compartimentagem extrema ou mesmo uma "supercompartimentagem".

Figura 1: Mapeamento inicial da rede de terroristas do 11 de setembro, por Valdis Krebs

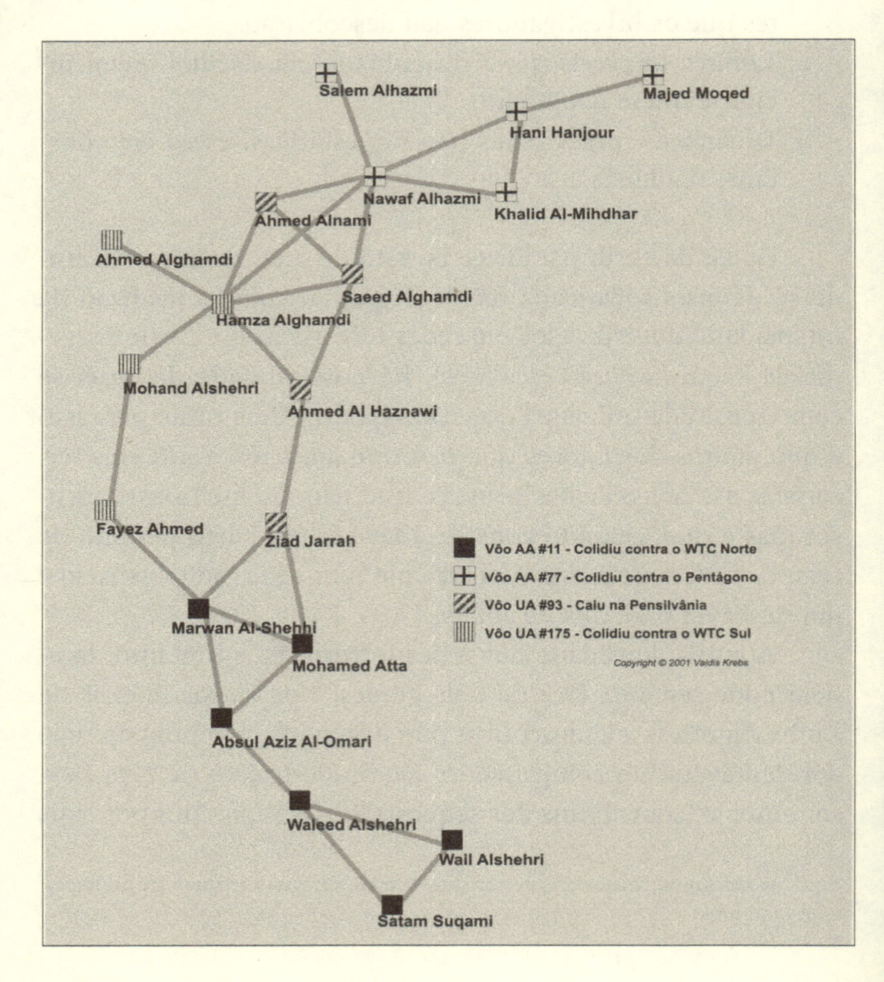

Redes Complexas: Além de Simples Preferências Heterogêneas

As ferramentas dos sistemas complexos, especialmente a análise de redes, oferecem alguns fortes *insights* a respeito do comportamento de redes terroristas, entretanto, em meio à inundação dos dados que se abateram sobre o mercado desde o 11 de setembro, é muito difícil, ou mesmo impossível, dizer quem escolheu uma metodologia apropriada e quem não. É igualmente difícil discernir se um modelo complexo realmente possui a capacidade de modelar o terrorismo de novas, exatas e mais poderosas maneiras. Alguns modelos podem ser matematicamente complexos, mas rendem poucos resultados práticos, simplesmente porque seu método é estático, enquanto as células terroristas são um fenômeno dinâmico[9].

9 Um erro clássico nessa área é freqüente quando os autores aplicam suposições microeconômicas neoclássicas de "ator racional" para modelar o terrorismo, o que cria um tratamento estático, homogêneo dos oponentes, e mostra mais confusão que solução. Enquanto a metodologia do ator racional foi extremamente popular na área da economia, ela foi geralmente descartada pela ciência "dura", e foi lentamente sendo substituída pela modelagem baseada no agente heterogêneo da ciência da complexidade. Tipicamente, um modelo baseado no agente presume composição, preferências e comportamentos heterogêneos do agente, e usa a *suposição estocástica de microagente* para substituir o modelo do ator racional. Para uma explanação de modelagem baseada em agente, ver J. D. Farmer, Toward Agent Based Models for Investment, em www.santafe.edu/~jdf/aimr.pdf , e Physicists Attempt to Scale the Ivory Towers of Finance, *Computing in Science and Engineering*, 1999, www.santafe.edu/sfi/publications/Working-Papers/99-10-073.pdf. Para aplicações de modelos baseados em agente ao terrorismo, ver Michael Johns; Barry Silverman, How Emotions and Personality Affect the Utility of Alternative Decisions: a terrorist target selection case study, em www.seas.upenn.edu/~barryg/emotion.pdf, ou Ronald A. Woodman, Agent Based Simulation of Military Operations Other Than War: Small Unit Combat, em http://diana.gl.nps.navy.mil/~ahbuss/StudentTheses/WoodamanThesis.pdf.

O conceito anterior não-estruturado de redes terroristas ganha um novo caráter no tratamento proposto por Krebs[10]. O mapeamento de redes de Krebs é extraído da aplicação da análise de redes sociais e envolve uma metodologia baseada em programa de computador utilizado para mapear redes do conhecimento dentro e através dos limites de uma organização, com o propósito de descobrir a dinâmica da aprendizagem e da adaptação. Esse tipo de análise de redes organizacionais combina a análise de redes sociais e comportamento organizacional com a teoria do caos e sistemas adaptáveis complexos. O mapeamento de redes vai além da estrutura organizacional formal, expondo a própria dinâmica do compartilhamento de conhecimento dentro das estruturas funcionais. Krebs descreve essas comunidades de prática como grupos emergentes, nos quais o conhecimento é concentrado em torno dos problemas e dos interesses comuns, e as principais competências de uma organização são compartilhadas e desenvolvidas (seu mapa organizacional das redes terroristas deriva, em grande parte, de seu trabalho anterior de mapeamento das corporações e estudo da dinâmica de aprendizagem organizacional).

A mensuração dessas "estruturas humanas complexas" está enfocada no grau de centralidade da rede, revelando os indivíduos-chave no fluxo de informação e na troca do conhecimento. Graus elevados de centralidade demonstram amplo acesso "aos recursos ocultos" dentro da organização de uma entidade com elevada aptidão para que "as coisas sejam feitas". A centralidade da rede está relacionada com o desempenho da rede, como demonstrado abaixo.

10 V. Krebs, (a) Mapping Networks of Terrorist Cells, *Connections* 24(3): 43-52, www.orgnet.com/MappingTerroristNetworks.pdf; (b) Surveillance of Terrorist Networks, em www.orgnet.com/tnet.html; (c) Social Network Analysis of the 9-11 Terrorist Network, em www.orgnet.com/hijackers.html.

Figura 2: Modelo estendido da rede dos seqüestradores do 11 de setembro com medidas de centralidade, por Krebs.

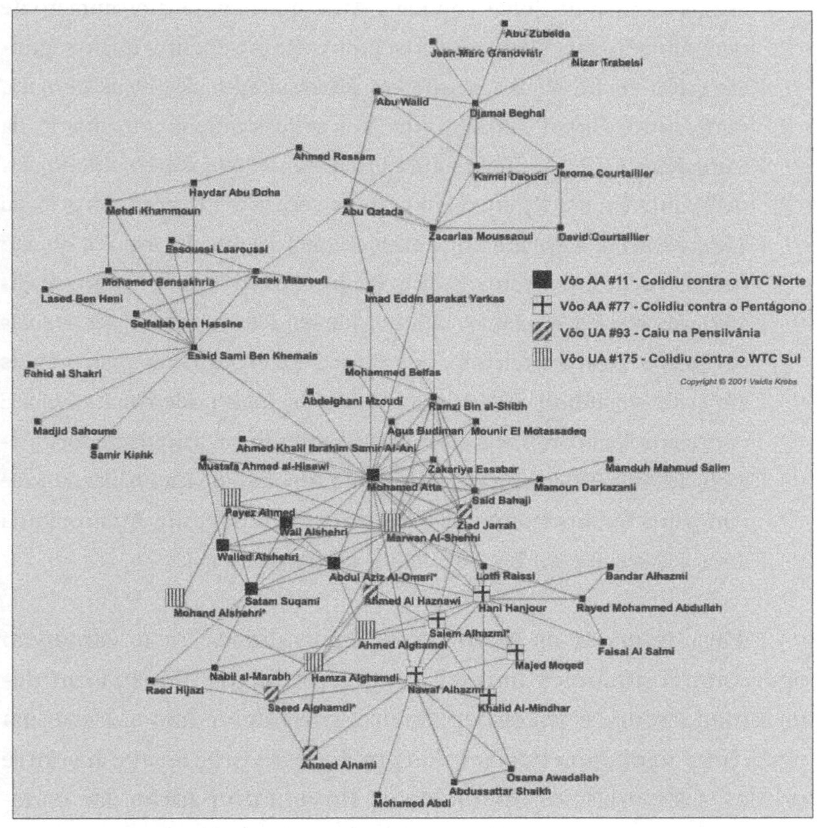

O interessante sobre esse segundo gráfico é que ele esclarece maneiras pelas quais a compartimentagem terrorista dita os parâmetros operacionais de um ataque terrorista. Tais mapeamentos podem também revelar informações antes escondidas a respeito da estrutura de comando das organizações terroristas. Em "Six Degrees of Mohammed Atta" (Seis Graus de Mohammed Atta), Thomas Stewart descreve diversas características importantes da rede de Krebs, e indica que:

Não é um retrato completo; entre outros problemas, mostra somente aquelas ligações que foram divulgadas publicamente. Ainda assim, é possível fazer algumas inferências interessantes. Primeiramente, o maior número de linhas conduz a Atta, que tem o maior número de pontos em todas as três medidas, junto com Al-Shehhi, que é segundo tanto em atividade quanto em proximidade, logo atrás de Atta. Entretanto, Nawaf Alhazmi, um dos seqüestradores do vôo 77 da American Airlines, é uma figura interessante. Nos cálculos de Krebs, Alhazmi vem em segundo em grau de centralidade por interposição (*betweenness*), sugerindo que exerceu muito controle, mas é o quarto em atividade e somente o sétimo em proximidade. Entretanto, se eliminarmos as ligações mais tênues (que tendem também a ser as mais recentes – ligações telefônicas e outras conexões feitas pouco antes do 11 de setembro), Alhazmi torna-se o nó mais poderoso na rede. É o primeiro em controle e alcance e o segundo em atividade, logo depois de Atta. Valeria a pena explorar a hipótese de que Alhazmi teve um papel importante no planejamento dos ataques, e Atta tomou a frente quando era a hora de colocá-los em prática[11].

Para retornar às medidas de centralidade, e à vantagem operacional dinâmica implícita na centralidade elevada em determinada rede, é preciso primeiro entender como tal sistema pode tirar vantagem dos amplos graus de separação que há entre células. Os benefícios operacionais surgem do padrão das conexões que cercam um nó, permitindo que ele tenha um amplo alcance dentro da rede com um número mínimo de elos diretos. "Buracos estruturais" na interseção dos fluxos entre comunidades de conhecimento posicionam nós únicos e superiores. São os indivíduos que atravessam esses "buracos internos da oportunidade" que impactam o funcionamento e o desempenho da rede.

11 Thomas A. Stewart, Six Degrees of Mohammed Atta, em www.business2.com/articles/mag/0.1640.35253.FF.html

O corolário implícito é que, caso um pequeno número desses nós críticos possa ser identificado e excluído da rede, então os sinais do comando não poderão se propagar através do sistema.

No mapeamento de Krebs, as principais medidas são os graus de centralidade da rede (*degree* ou número das conexões diretas que tem um nó), graus de centralidade por interposição (*betweenness* ou a habilidade de um indivíduo se conectar aos círculos importantes) e graus de centralidade por proximidade (*closeness* ou a habilidade de monitorar o fluxo de informação e "enxergar" o que está acontecendo na rede). O fluxo do conhecimento é facilitado e influenciado por nós fronteiriços (*boundary spanners*) com acesso à informação que flui em outros arranjos (*clusters*), assim como participantes periféricos que trazem informações novas para a rede. Uma rede com baixo índice de centralização tem mais facilidade de se recompor uma vez que não tem pontos de ruptura altamente centrais. Essas redes "falham graciosamente", porque os danos causados por um nó não conduzem a um colapso total nos fluxos de informação e na coordenação das ligações.

Teoria de Redes Sociais

A contribuição da análise de redes sociais para o contraterrorismo é a habilidade de mapear a dinâmica invisível no interior de uma comunidade terrorista. A metodologia baseia-se na representação gráfica da exploração e apresentação dos padrões indicados por dados estruturais. No caso de redes terroristas, a vigilância das atividades e dos contatos diários entre os suspeitos revela a rede existente em torno deles e adiciona assim mais nós e ligações de contatos intencionais ao mapa. Uma vez que as ligações diretas

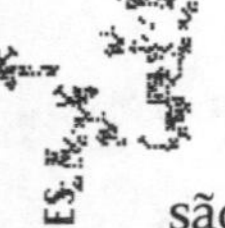

são identificadas, e as "conexões das conexões" são incluídas, os indivíduos-chave começam a aparecer. Em 2000, a Agência Central de Inteligência (CIA) identificou que os suspeitos Nawaf Alhazmi e Khalid Almihdhar da Al-Qaeda participavam de uma reunião na Malásia. O mapeamento das ligações entre os terroristas envolvidos nos ataques ao World Trade Center (WTC) mostra que todos os dezenove seqüestradores estavam a dois graus desses primeiros suspeitos, enquanto eles mesmos também apresentavam múltiplas ligações com a rede.

Com base nas informações divulgadas a respeito das investigações dos terroristas de 11 de setembro, Krebs mapeou e avaliou as ligações que mantinham a rede conectada e analisou sua resiliência. A força de cada ligação foi avaliada de acordo com o tempo que os membros passaram juntos. As interações foram ordenadas de tal modo que àqueles que viviam junto ou participaram de um mesmo treinamento, fossem atribuídos os elos mais fortes; aos terroristas que viajaram, ou participam de reuniões em comum, foram atribuídos elos de força moderada; e, finalmente, aquelas ligações que refletiam apenas relações ocasionais foram caracterizadas como elos fracos. A espessura das linhas na figura 2 corresponde à força dos elos entre os terroristas. Esse mapeamento mostra uma estrutura dispersa, mas ao mesmo tempo bem definida, embora, como já mencionado, as conexões entre membros sejam mais distantes do que se esperava.

Como sugere o posicionamento de Alhazmi, laços fortes podem ter ficado inativos e ocultos por períodos relativamente longos, enquanto um mínimo de elos fracos assegurou o segredo. Essa configuração revela uma rede que foi conscientemente construída com o propósito de minimizar danos à organização como um todo, no caso de uma ligação ser comprometida.

Esse tipo de rede é capaz de alcançar seus objetivos somente por meio do uso de atalhos transitórios que equilibram temporariamente a necessidade de clandestinidade com a necessidade de fluxos intensos de informação e coordenação em épocas ativas[12]. As fontes públicas de informação mostram que os elos densos e duradouros forjados no passado eram "invisíveis" durante a estada dos seqüestradores nos Estados Unidos. Essa "redundância maciça por meio de contatos prévios confiáveis" é considerada umas das principais forças ocultas dessa rede. Tal descoberta destaca uma vez mais a necessidade da coleta pessoal de dados, particularmente em lugares remotos. Todos os esforços feitos pela Homeland Security, ou qualquer outro serviço de segurança, não importarão nem um pouco se não houver habilidade de identificar as conexões fortes existentes entre os terroristas.

Após o desastre de 11 de setembro, havia uma tendência em Washington de falar sobre os seqüestros como resultado de uma enorme falha da inteligência. Se levarmos a sério a análise de redes, então a falha que conduziu ao 11 de setembro foi o resultado de não se terem formado recursos humanos de inteligência capazes de reconhecer e responder à evolução da Al-Qaeda e de seus agentes[13]. Michael Porter argumenta por mais de duas décadas, em suas teorias de estratégia competitiva, que quando as firmas competem com seus compradores e fornecedores, o grupo mais concentrado ganha, reivindicando a maioria dos lucros para si[14]. Se eu fosse o líder de qualquer serviço de inteligência nacional, estaria me perguntando muito seriamente por que as organizações terroristas são capazes de conseguir um nível mais elevado de coordenação e solidez do que minhas próprias divisões contraterroristas.

12 Duncan J. Watt. Networks, Dynamics, and the Small-World Phenomenon, *American Journal of Sociology*, v. 13, n. 2, 1999, p. 493-527.

13 Ver O. Reuel Marc Gerecht, The Counterterrorist Myth, *The Atlantic Monthly*.

14 Ver Michael Porter, (a) How Competitive Forces Shape Strategy, *Harvard Business Review*, july–auguste, 1979, (b) What is Strategy, *Harvard Business Review*, november–december, 1996.

Em comparação com modelos estáticos, o trabalho de Krebs analisa a dinâmica da rede e também reconhece a sensibilidade da medida de centralidade a mudanças nas posições dos nós e na existência das ligações. Em termos de utilidade enquanto ferramenta da contra-espionagem, o mapeamento expõe uma concentração das ligações em torno dos pilotos, uma fraqueza organizacional que poderia ter sido usada contra os seqüestradores se o mapeamento estivesse disponível antes, e não após o desastre[15].

Por serem pontos potenciais de falha é que os nós com altos graus de centralidade precisam ser mapeados e monitorados e, sempre que possível, removidos. Se vários nós com alto grau de centralidade forem removidos ao mesmo tempo, isso causará fragmentação da rede na forma de subredes desconectadas. Naturalmente, quanto mais compartimentada a organização, menor a quantidade de nós centrais que precisam ser removidos para implodir a rede.

Um agente desencadeador, para passar da monitoração à desarticulação, é o repentino aumento no fluxo de dinheiro ou de informação entre as ligações, e a formação rápida de conexões. Nesse sentido, SIGINT* pode provar-se um poderoso suplemento a HUMINT**. Se um mapa inicial dos membros e das conexões puder ser montado, então SIGINT pode indicar períodos

15 Ver Peter Klerks, "The Network Paradigm Applied to Criminal Organisations: Theoretical Nitpicking or a relevant doctrine for investigators? Recent developments for the Netherlands", *Connections*, 24(3): 53-65 www.sfu.ca/~insna/Connections-Web/Volume24-3/klerks.pdf.

* No jargão militar, SIGINT (Signals intelligence) refere-se a satélites utilizados para detectar transmissões de sistemas radiofônicos, radares e outros sistemas eletrônicos. Os EUA operam quatro constelações de satélites SIGINT em órbita. (J. Richelson, *The U.S. Intelligence Community*, Ballinger: Cambridge, MA, 1985, p. 122. (N. da T.)

** HUMINT (Human intelligence gathering) refere-se à coleta de informações pessoalmente, seja através de entrevistas, de espionagem ou de obtenção "involuntária" de informação das pessoas sob investigação (P. Foxen, *Defining CI and HUMINT Requirements, Military Intelligence Professional Bulletin*, 1, 1999). (N. da T.)

de tempo críticos. Se tomarmos os comentários de Krebs a respeito das propriedades do sistema de auto-organização da rede de 11 de setembro, então o momento certo para intervir e remover os nós de alto grau de centralidade é exatamente no início do equivalente organizacional a uma "fase de transição"[16].

Coesão e adesão sociais: medidas adicionais de estrutura organizacional

Moody e White fornecem uma expansão dos conceitos de solidariedade social, da compreensão a respeito dos enlaces entre os membros de uma comunidade, das mudanças nas interconexões e seu impacto sobre a conectividade dos nós em Social Cohesion and Embeddedness (Coesão e Incrustamento Social)[17]. Eles argumentam que a característica determinante de um grupo fortemente coeso é que "ele tem um *status* que suplanta qualquer membro individual do grupo". Os autores definem coesão estrutural como "o número mínimo dos atores que, caso fosse removido, desconectaria o grupo", levando à formação de grupos hierarquicamente aninhados, espaços onde grupos altamente coesos estão incrustados no interior de grupos menos coesos. Assim, as coesões são uma propriedade emergente do padrão relacional que mantém um grupo unido.

Na medida em que o processo dinâmico do desenvolvimento do grupo se torna claro, tipicamente uma forma frágil da coesão estrutural emerge a partir do momento em que coleções de

16 Para mais detalhes sobre esse assunto ver Michael Lissack, Chaos and Complexity – What does that have to do with knowledge management?, em J. F. Schreinemakers (ed.) *Knowledge Management:* organization, competence and methodology, Wurzburg, Germany: Ergon Verlog, v. 1, p. 62-81. www.lissack.com/writings/knowledge.htm.

17 James Moody, Douglas R. White, Social Cohesion and Embeddedness: a hierarchical conception of social groups, em www.santafe.edu/sfi/publications/Working-Papers/00-08-049.pdf.

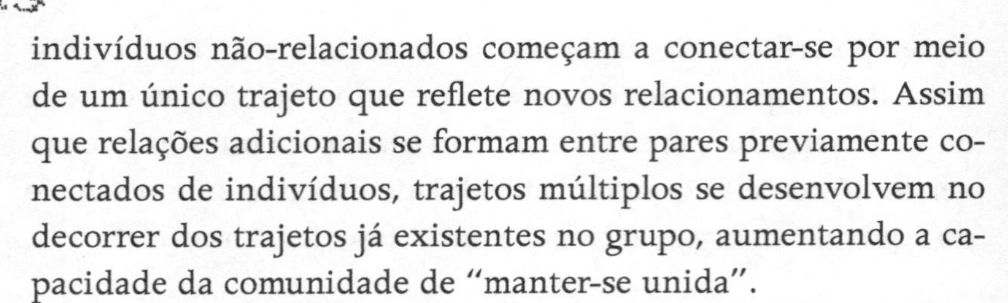

indivíduos não-relacionados começam a conectar-se por meio de um único trajeto que reflete novos relacionamentos. Assim que relações adicionais se formam entre pares previamente conectados de indivíduos, trajetos múltiplos se desenvolvem no decorrer dos trajetos já existentes no grupo, aumentando a capacidade da comunidade de "manter-se unida".

Nas situações em que as relações se dão em torno de um líder, o grupo é freqüentemente descrito como "notoriamente frágil", ilustrando o fato de que o aumento no volume relacional, a partir de um único indivíduo, não promove necessariamente a coesão. Não obstante, grupos com uma organização relacional "todos-em-um", como ocorre nas redes terroristas, podem ser estáveis e resistentes aos rompimentos, caso "esforços extraordinários" sejam feitos para manter sua estrutura relacional frágil. A configuração centro-e-raios dessas redes prospera na falta do conhecimento que cada nó particular tem a respeito da organização como um todo; uma ligação capturada ou destruída na rede não põe a organização em risco. A estabilidade de tais grupos depende da habilidade de manter o centro escondido, porque o centro torna-se, então, a fraqueza estrutural fundamental de todo o grupo.

Organizações com baixos graus de coesão causam também a segmentação de estruturas que são conectadas apenas minimamente ao restante do grupo, acarretando as dissidências e as facções. Essas organizações também são facilmente perturbadas por indivíduos que deixam o grupo. Geralmente, indivíduos cuja remoção desconectaria o grupo são aqueles que controlam o fluxo dos recursos na rede.

Ao contrário, coletividades que não dependem de atores individuais são menos facilmente segmentadas. Esses grupos altamente coesos beneficiam-se da existência de trajetos múltiplos e de possibilidades de enlaces alternativos, sem ocorrência de indivíduos ou, pelo menos, uma minoria dentro do grupo que exerça controle sobre os recursos. A "conectividade múltipla" é, assim, a característica essencial de organizações coesas estruturalmente fortes.

Uma característica interessante de redes altamente coesas (HCN em inglês) é a redução na distribuição do poder devido à quantidade limitada de buracos estruturais, tais que a capacidade de qualquer indivíduo exercer o poder nesse arranjo é limitada quanto mais a conectividade aumenta[18]. Para um grupo estruturalmente coeso, a transmissão de informação aumenta a cada trajeto independente adicionado à rede, o que se pode inferir que conectividade elevada conduz a maior confiabilidade, uma vez que a informação é arregimentada de múltiplas fontes independentes. "Localidades com conectividade elevada" podem agir como "subestações amplificadoras" da informação e/ou dos recursos. Moody e White relacionam essa operacionalização à profundidade relativa da participação dos atores em relações sociais, tais como definidas pelo conceito de incrustamento (*embeddedness*):

> Se grupos coesos estão aninhados uns dentro dos outros, então cada grupo sucessivo se encaixa mais profundamente dentro da rede. Desse modo, um aspecto do incrustamento – a profundidade do envolvimento em uma estrutura relacional – é captada por quão um grupo está inserido na estrutura relacional[19].

Em um estudo similar ao "Coesão Social e Incrustamento", White e Harary fazem a distinção entre o conceito de adesão

18 Nos termos da estratégia, desestabilizar esse tipo de rede significa exercer pressão sobre o grupo para aumentar seu recrutamento e aumentar sua conectividade em oposição à estratégia de sobre-compartimentagem forçada. Excesso induzido de conectividade representa um tipo diferente da sobrecarga da complexidade.

19 Cf. Social Cohesion and Embeddeness.

relacionado às qualidades atrativas ou carismáticas dos líderes (ou das atrações a seus seguidores), que criam compromissos ou ligações muitos-a-um mais fracos ou mais fortes, e a coesão definida pelos elos muitos-a-muitos entre indivíduos, na medida em que esses elos formam *clusters*[20].

Os autores reiteram os aspectos intuitivos da definição de coesão: um grupo é coeso na medida em que as relações sociais entre seus membros são resistentes à divisão do grupo, e um grupo é considerado coeso até o ponto em que as relações sociais múltiplas entre seus membros o mantém unido. Retomando a idéia de que ocorre uma coesão mínima em redes sociais que apresentam um líder forte ou uma figura popular comum ao grupo, White e Harary introduzem o conceito de "aderentes" de um grupo social para especificar "os compromissos muitos-a-um dos indivíduos em relação ao próprio grupo ou à sua liderança".

> O que mantém o grupo unido quando este é o fator principal na solidariedade do grupo é a força da adesão dos membros ao líder, não a coesão dos membros do grupo em termos de elos sociais entre si. O modelo da "adesão" em lugar do modelo de coesão pode se aplicar ao caso da burocracia puramente vertical, onde não há laços laterais.

Como definição geral, um grupo é adesivo na medida em que as relações sociais de seus membros sejam resistentes à desconexão no nível de cada par[21]. Outro elemento de resistência do grupo é a redundância das conexões:

20 The Cohesiveness of Blocks in Social Networks: Node Connectivity and Conditional Density, em www.santafe.edu/files/workshops/dynamics/sm-wh8a.pdf.

21 O conceito da coesão é formalizado com o uso da teoria dos *gráfos*. O *gráfo* é definido como os vértices que representam o conjunto dos indivíduos na rede, e os limites são as relações entre os atores definidos como conjuntos de pares. Os subconjuntos dos nós que ligam vértices não-adjacentes desconectarão atores se forem removidos. Qualquer conjunto de nós é chamado um (i, j) desconectante (cut-set) se todo trajeto conectando i a j passar por pelo menos um nó do conjunto. O critério da

> O nível da coesão é mais elevado quando os membros de um grupo são conectados ao contrário de desconectados e, além disso, quando o grupo e seus atores não são apenas conectados, mas também apresentem redundâncias em suas interconexões. Quanto mais redundantes as conexões independentes entre pares dos nós, maior a coesão, e maior é o número de círculos sociais em que qualquer par de pessoas estará contido[22].

A consideração importante para a contra-inteligência aqui é a de que quanto mais elevado o nível da redundância, mais provável a possibilidade de o grupo ser identificado e mais fácil a criação de um mapa da rede das relações sociais. Uma parte considerável da exploração bem-sucedida desta característica do grupo é um outro princípio básico da contra-inteligência – a cobertura. A boa cobertura renderá boas observações a partir das quais bons mapas de rede sociais podem ser traçados. O cuidado aqui, como mencionados anteriormente, é como em muitas outras atividades de HUMINT: boa cobertura não é possível de ser obtida unicamente pelo reconhecimento via satélite ou por meio de alguns outros meios técnicos nacionais (NTM). É claro que, uma vez que os indivíduos-alvos tenham sido identificados, a tecnologia de sensoriamento remoto, pode ser, de fato, um adicional muito útil aos processos de cobertura, compartimentagem e penetração.

Uma outra inferência lógica é a de que diferenças mensuráveis na coesão podem ter conseqüências previsíveis para grupos sociais e seus membros em muitos contextos sociais di-

"resistência do *cut-set* para ser separado" e o critério de coesão dos trajetos independentes múltiplos "mantidos juntos" são formalmente equivalentes nesta especificação formal. Este tipo do *gráfo,* se construído com informação completa, fornece também um mecanismo de predição que permite identificar exatamente quais nós devem ser removidos afim de remover a possibilidade de sinais se propagarem pelo sistema.

22 Cf. The Cohesiveness of Blocks in Social Networks.

ferentes. Em termos de contra-terrorismo, este é um modelo claramente preditivo que pode ser utilizado para a otimização de esforços e dos recursos. Não é meramente o caso de obter o maior "retorno sobre o investimento", mas é uma solução intermediária ideal para que uma pesquisa científica empiricamente validada forneça uma tipologia que permita a caracterização dos grupos de tal forma que, quando os recursos forem dirigidos para impedir que o grupo execute os ataques terroristas, sejam usados de modo operacionalmente eficiente.

Para levar o assunto ao nível micro, não haverá nenhuma vantagem em remover o líder de um grupo que seja caracterizado por uma forte medida de adesão. Assim como não haveria nada de positivo em tentar combater um grupo com alto grau de coesão removendo-se seu líder carismático. Se nenhuma outra lição para combater o terrorismo puder ser retirada desta discussão, compreender esta regra crítica é o bastante para salvar milhões de dólares e milhares de vidas.

redes urbanas

[Fábio Duarte e Klaus Frey]

Introdução

Quando se vê uma cidade de cima, com vias, umas estreitas e curtas, outras longas e largas, articulando áreas com diferentes ocupações e densidades, tem-se a imagem de uma malha que estrutura um determinado território. Em uma escala territorial ampliada, esta imagem fica ainda mais clara: conjuntos urbanos articulados por vias expressas, de onde derivam vias de menor porte que fazem a ligação com aglomerações pontuais dispersadas em um território. Essas imagens, não importam a época ou a localização geográfica, são uma constante quando se pensa no mundo urbano.

Teríamos, portanto, uma ligação clara e direta entre os espaços urbanos e a estrutura das redes. Porém, a evidência absoluta da *forma* da rede sobre o território urbano não pode cegar-nos à complexidade dos fenômenos que a compõem. Ou seja, pensar as redes exclusivamente a partir de propriedades geométricas ou funcionais não daria conta da riqueza do conceito; isto não permitiria nem a aproximação heurística de um fenômeno, nem serviria de instrumento de gestão de um fenômeno.

Nikos Salingaros argumenta que "as forças que fazem a cidade funcionar são geradas pela diversidade e necessidade de troca de informações entre diferentes tipos de nós"[1], e Gabriel Dupuy escreveu que

> se buscamos localizar as partes do sistema, devemos fazê-lo em espaços abstratos, espaços topológicos, espaços de n dimensões, inabituais para o planejamento e que não corresponde à percepção imediata das "redes clássicas". [...] O que conta são os arranjos entre os subsistemas, suas ligações e aberturas com o entorno[2].

As redes são formadas por entidades e relações entre essas entidades; e entidades que possuem número de relações maiores que 1 são chamadas nós. Esses termos, entidades e relações, apenas formam rede quando possibilitam e são demandados pelo outro. Ou seja, um elemento não pode ser considerado um nó a não ser que haja articulações com outros nós; e ele deixa de sê-lo quando essas articulações acabam. São características das redes a agilidade e a flexibilidade para ligar (e desligar) pontos e ações distantes[3], o que lhes dá uma inconstância latente. Redes não são, portanto, apenas uma *outra* forma de estrutura, mas quase uma *não estrutura*, no sentido de que parte de sua força está na habilidade de se fazer e desfazer rapidamente.

1 Connecting the Fractal City. Disponível em: www.math.utsa.edu/sphere/salingar/connecting.html.

2 *Systèmes, réseaux et territoires*: principes réseautiques territoriale.

3 D. Parrochia, *Philosophie des réseaux*.

De modo paradoxal, as redes, ao articular por um determinado período e com objetivos determinados objetos e ações distantes e díspares pertencentes a diferentes sistemas, também podem desestruturar sistemas estabelecidos. Na cidade, raros são os sistemas que se ensimesmam; o que ocorre é não vermos as "aberturas com o entorno", nas palavras de Dupuy.

Assim, redes são, antes de tudo, um modo de pensar. Um modo de ler o mundo e um modo de agir no mundo.

As Cidades e as Redes

Enquanto a categoria espacial de gestão urbana mantém-se na maior parte dos casos, os territórios administrativos (estados, municípios, bairros), os atores urbanos (pessoas, empresas) vivem a cidade pelos seus diferentes pontos de ancoragem diária, de acordo com necessidades, desejos e preferências. A vivência urbana se dá pela formação, movimentação e dissipação diária de redes urbanas em escalas locais e globais que se articulam e se dissipam.

Três elementos básicos constituem as redes: nós, elos e princípios organizativos. A co-presença (elo) de pessoas (nós) em agremiações políticas (princípio) ou o abastecimento de água (princípio) em uma região – água que passa por dutos (elos) até chegar às casas (nós), são redes. No segundo caso, nós e elos são fixos e permanentemente articulados, e isso mesmo na ausência de um princípio que os ative, ou seja, ainda haveria a *forma* de rede de abastecimento mesmo que a região ficasse deserta, de pessoas e de água. Já no primeiro caso, o elo se forma apenas quando um princípio se coloca (agremiações políticas). Pensar um fenômeno como rede, portanto, pode ser extremamente vago, efêmero e dependente de pressupostos, como também extremamente estruturado, permanente e ensimesmado (tentando não depender de relações externas à própria rede).

Pierre Musso[4] ressaltou que a polissemia da noção de rede seria tanto a causa de seu sucesso quanto de seu descrédito como base conceitual. Em sua argumentação filosófica, em que coloca a rede entre a estabilidade organizativa da árvore e a efemeridade caótica da fumaça, Musso a define como "uma estrutura de interconexão instável, composta de elementos de interação, e cuja variabilidade obedece a alguma regra de funcionamento"[5].

Nos dois exemplos, há instabilidade, interação e regras de funcionamento entre os elementos, o que faz de ambos, redes. Porém, mesmo que facilmente detectáveis na cidade, não significa que sejam, *em si*, redes urbanas. A afirmativa implicaria em entender a cidade como um receptáculo, onde tudo e qualquer coisa que nela aconteça lhe fosse considerado próprio. O fato de pessoas formarem redes de pertencimento a agremiações políticas não tem necessariamente vínculo de causa, efeito ou circunstância com características próprias da cidade. Pelo outro lado, tubulações e torneiras, mesmo que impregnadas no solo urbano, podem ser no máximo analisadas como rede de abastecimento, mas não como redes urbanas se isoladas da dinâmica socioeconômica e política que as direciona.

Assim, a definição do campo de análise *redes urbanas* passará pelo princípio da *pregnância*, que aqui consideramos como quando há causas, efeitos ou circunstâncias que impliquem em alterações, mesmo que momentâneas, com outros atores ou com territórios da cidade, determinadas pelas redes. Apenas desse modo o conceito de redes interessa para pensar as cidades, pois ele permite perceber as relações entre fenômenos, atores, obje-

4 A Filosofia da Rede, em A. Parente (org.), *Tramas da Rede*.
5 Idem, p. 31.

tos e sistemas de naturezas distintas cujas relações têm *causas, efeitos* ou são *circunstanciados* por características urbanas – não vendo a cidade apenas como o receptáculo onde uma ou outra rede se forme.

Vivemos redes no cotidiano urbano. Uma torneira é um ponto na rede de águas de uma cidade, assim como o telefone, um ponto na rede de telecomunicações. Formamos redes durante o trabalho; e redes também se formam quando pessoas se ligam temporariamente para conseguir a interdição de uma obra urbana. A vida nas cidades poderia ser representada por redes que se formam e se desfazem ao longo do tempo, nós e relações que se concentram e se rarefazem em diferentes áreas durante um dia, redes cujos rastros parecem ser a própria estrutura urbana (como o suporte viário), ou cujos rastros nunca são percebidos em sua totalidade – como as redes sociais, cuja agilidade e flexibilidade para se formar e se desfazer podem ser sua própria força.

Porém, grande parte dos instrumentos de planejamento urbano, ainda marcadamente modernistas, preconiza a estabilidade de usos, a clareza de papéis sociopolíticos, o funcionamento independente dos sistemas. O Plano Piloto de Brasília é o exemplo clássico da desejada setorização de usos, em uma cidade que foi tomada de antemão pelas redes de candangos que a vieram construir e, não admitidos em seu plano, ampliaram o território urbano às suas margens antes mesmo de sua inauguração. A definição de papéis sociopolíticos para cada cidadão foi em seu tempo uma conquista, mas uma conquista que dependia da aceitação de determinados limites de reivindicações e esferas de controle que foram superadas pela consciência crescente de que problemas locais e globais devem ser discutidos e podem ser resolvidos pelo estabelecimento de redes sociais e políticas com afinidades específicas e sem relevância para sua constituição legal ou perene. Finalmente, se abro a torneira e tenho água potável, o sistema de abastecimento funcionou e o problema está resolvido; porém, a passagem de poucos centímetros entre a água que sai da torneira e entra no ralo é a explicitação momentânea de uma rede de águas urbanas, que articula tanto a captação de água não potável, seu tratamento e abastecimento doméstico, como a transferência da água usada para tratamento e deposição em rios ou mar. Isso sem pensar que a estruturação com rede de águas de uma ou outra região depende ou implica na dinâmica do mercado imobiliário e/ou decisões políticas de desenvolvimento urbano.

Voltando aos dois exemplos acima, águas urbanas e agremiações políticas, eles podem ser analisados como redes, mas não diretamente como redes *urbanas*. Eles assim se configuram apenas quando, por exemplo, percebe-se que determinadas pessoas apresentam número considerável de conexões entre si tendo como princípio de ligação o pertencimento a agremiações políticas cujas ações estão ligadas à ampliação ou direcionamento das regiões urbanas servidas por dutos e pontos de distribuição de água, implicando, portanto, por exemplo, na valorização imobiliária de uma determinada região – constituindo assim uma rede de redes.

Dentro deste princípio de pregnância urbana, é importante resgatar que *redes* são menos uma forma geométrica e mais um instrumento intelectual para se entender um fenômeno. Os conceitos e as metodologias de análise de redes permitem tanto organizar objetos e ações que não têm articulação evidente, desvendando assim alguns fenômenos urbanos de difícil percepção, quanto desestruturar redes cujas articulações são tão claras que tendem a se tornar um sistema ensimesmado – aqui, quando vemos a torneira não como um ponto final do sistema de abastecimento, mas como um ponto de articulação deste com o sistema de saneamento, transformamos a torneira de um ponto em um nó da rede de águas urbanas.

É por isso que podemos dizer que as redes têm ao mesmo tempo a propriedade de articular elementos e a de desestabilizar sistemas urbanos que se apresentam de forma evidente na cidade e que têm funcionamento regulado de tal modo que sua análise tenda a ser ensimesmada

A vida urbana é uma rede de redes. Por isso, o aprofundamento na discussão conceitual e metodológica de análise de redes pode trazer questionamentos sobre os modos como as cidades vêm sendo pensadas e geridas, e também oportunidades para se restabelecer as formas habituais de gestão urbana.

Neste capítulo propomo-nos a discutir a cidade a partir do conceito de redes, considerando os seguintes aspectos:

- as redes nunca formam totalidades ensimesmadas;
- as redes têm sua força na inconstância das articulações existentes e possíveis;
- as redes são ao mesmo tempo articuladoras e desestabilizadoras de outras redes e sistemas.

Para esta discussão, escolhemos três eixos de análise. No primeiro discutimos propostas urbanísticas que, frente à hegemonia do planejamento territorial modernista, entenderam que a dinâmica do mundo urbano moderno dependeria de um pensamento em rede. Na seqüência, abordamos algumas infraestruturas tecnológicas atentando para que sua força na constituição da vida urbana está menos no seu *funcionamento ótimo* e mais nas relações como indutores ou dependentes de outras redes urbanas – algumas também tecnológicas, mas outras socioeconômicas. Concluímos com a incorporação da noção de redes como possibilidade de governança urbana, frente ao tradicional gerenciamento territorial-administrativo.

Dos Planos às Redes

Quando pensamos em termos de árvores, trocamos a humanidade e a riqueza da cidade viva por uma simplicidade conceitual que beneficia apenas os designers, planejadores e administradores[6].

Na metade do século XX, quando os princípios modernistas do planejamento urbano tornavam-se universais, com seus planos setoriais monofuncionais, alguns arquitetos propuseram que pensar as cidades para o mundo moderno dependeria menos do estabelecimento de planos de cidades ideais e mais da articulação provisória e mutável de elementos urbanos.

Os cânones da cidade modernista parecem desconsiderar as pulsões internas que são próprias de toda entidade urbana ao longo do tempo, e principalmente as alterações (criação, mudança, eliminação) das relações entre entidades. Os quatro princípios da "Carta de Atenas", documento redigido no IV CIAM (Congresso Internacional de Arquitetura Moderna) em 1933, que regiam as funções da cidade (habitação, trabalho, recreação e circulação) foram diretamente ligados a formas contingentes, resultando em planos urbanos com setores específicos para funções específicas. Para esses arquitetos-urbanistas isso parecia claro, pois do mesmo modo que a cidade possuia uma solução ideal para como ela seria (ou deveria ser) no futuro, também o tinham para seus habitantes, todos iguais em seus direitos e deveres. Como escreveu Clara Irazábal, "mesmo que a Carta de Atenas sinceramente pretendesse incrementar a qualidade de vida e o nível de segurança nas cidades, foi amplamente demons-

6 C. Alexander, A city is not a Tree..., *Architectural Forum*, p. 62.

trado em diferentes exemplos urbanos em todo o mundo, que este modelo fracassou"[7]. Talvez por que, nas palavras de seu mais importante expoente[8], a busca da "harmonia" dessa cidade, dividida por setores monofuncionais para um homem pleno, ainda dependeria de um "comando único", que abolisse a "imprevisibilidade" das cidades.

O Plano Piloto de Brasília, de Lúcio Costa, é a materialização da cidade modernista setorizada monofuncional. Quando inaugurada, em 1960, Brasília estava povoada por multidões de fantasmas, como viu Clarice Lispector, com seus eixos estruturando o vazio, e era abraçada por cidades satélites criadas espontaneamente pelos mais de 60 mil candangos vindos das regiões pobres do país para construir a capital no Planalto Central.

O padrão de organização de um grande pólo induzindo o estabelecimento de redes de relacionamentos não contidas em seu plano de origem, formando sub-redes que se tornam interdependentes pode ser observado em vários sistemas complexos. São as "redes de escala livre"[9] que, longe de uma distribuição equilibrada de nós e ligações que poderia se esperar em um modelo hierarquizado ou aleatório, originam-se pela força catalisadora de um determinado nó que estimula outros nós a ligarem-se a ele, ou criando sub-redes que se estabelecem em dependência do nó ou rede principal.

A cidade pulsa e se transforma *em outra dela mesma*, e entidades são criadas, alteram-se ou são eliminadas – o que não caberia em um zoneamento funcional, destinado a uma única e

7 Da Carta de Atenas à Carta do Novo Urbanismo: qual seu significado para a América Latina?, *Vitruvius*, n. 19, p. 1.

8 Le Corbusier, *Urbanisme*.

9 A.-L. Barabási e E. Bonabeau, Scale-Free Networks, *Scientific American*, p 50-59.

determinada atividade ligada a outras por relações estabelecidas clara – e previamente.

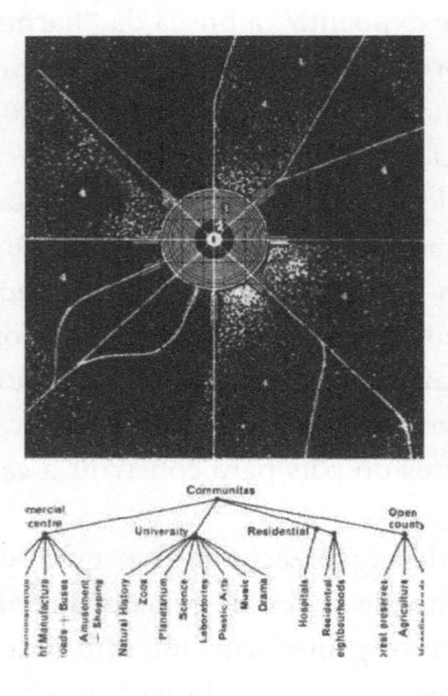

Na mesma época em que os postulados urbanos modernistas eram materializados em Brasília, Christopher Alexander escreveu um artigo marcante para o pensamento espacial urbano, em que afirma no título que "uma cidade não é uma árvore"[10]. Alexander usa a metáfora da árvore para descrever uma estrutura cujas partes se ligam de modo conseqüente, e que a partir do ponto em que um elemento se liga ao seu subseqüente (e conseqüente), não há mais possibilidade de articulação com outras partes. No exemplo de Communitas, cidade planejada por Percival e Paul Goodman, tem-se quatro zonas concêntricas, sendo a mais central a comercial, seguida pela universitária, a terceira médica e residencial e a quarta, área verde; e cada

10 Op. cit., p. 58-62

zona é subdividida em outras funções, porém, nunca há um residente no círculo central (comercial) ou uma padaria no terceiro círculo (residencial). São partes fixas com ligações constantes e conseqüentes com outras partes

Alexander argumenta que os elementos geralmente identificados e com os quais se pensa a cidade são, na verdade, resíduos da vida urbana: a casa como resíduo da interação entre membros de uma família, seus anseios e emoções, e as vias como resíduos de movimentos e trocas. Quando essas forças imateriais não são consideradas na vida urbana, têm-se planos de cidades estéreis. Contrariamente à coesão social preconizada para a cidade modernista, "virtualmente não há grupos fechados na sociedade moderna"[11]. Uma constatação hoje evidente, mas que inviabilizava a cidade funcionalmente compartimentada dos planos modernos em voga na época.

Em 1961 um grupo de jovens arquitetos ingleses lançou a revista *Archigram*, onde propunham projetos para a cidade contemporânea e discutiam a cidade em uma sociedade que se constituía crescentemente interligada pelos meios de comunicação. Archigram, para *architecture* + *telegram*, sintetiza a idéia de efemeridade, agilidade e instantaneidade de suas propostas. Um de seus principais membros, Peter Cook[12], escreveu que a intenção do grupo não era propor uma *nova* cidade (ou sociedade), mas refletir e expressar, em seus projetos, a vitalidade da vida urbana que eles já viviam.

Em 1969, depois de uma série de experimentos gráficos e exposições, o grupo conseguiu financiamento para apresentar um de seus mais audaciosos projetos; o Instant City. Neste projeto, a consciência da sociedade que se interconectava pelos meios de comunicação com uma circulação crescente de infor-

11 Idem, p 60.
12 *Archigram*.

mações econômicas, sociais e culturais que criam uma rede de referências urbanas em escala global, apresenta-se de modo definitivo. Com a noção de uma "metrópole visitante", a intenção foi justamente trabalhar o mundo urbano não como um modelo de cidade que se estenderia homogeneamente em escala global, mas uma estrutura mutável e móvel que se formasse e se decompusesse em quaisquer cidades por um breve período, constituindo as metrópoles visitantes.

Novamente, como observamos em uma discussão mais longa sobre o grupo[13], o Instant City, mesmo sendo a "síntese" das idéias do Archigram, não pretendia ser um projeto total ou uníssono, mas justamente ressaltar a pluralidade possível das redes urbanas que se criam e se desfazem quando conectadas por certas tecnologias, certos propósitos – e que depois (ou se os parâmetros tecnológicos, econômicos ou políticos forem outros), não existem mais.

A imagem dos elementos arquitetônicos suspensos por balões normalmente leva à idéia errada de que o Instant City seria um corpo alienígena que tomaria a cidade de assalto. Na verda-

13 F. Duarte, *Arquitetura e Tecnologias de Informação*.

de, esta é apenas a parte "concreta" do projeto. Antes de chegar a uma cidade, havia o mapeamento das comunidades mais dinâmicas, dos meios de comunicação usados por elas e equipamentos urbanos que podem ser articulados por um período determinado com intenções específicas, sendo a Instant City o catalisador. Deste modo apropriava-se de elementos existentes e propiciava sua interconectividade.

Essas reflexões de Alexander e Archigram recolocam o pensamento sobre a realidade urbana em questão, distanciando-se da proposição de uma cidade nova e ideal dos modernistas como Le Corbusier, para o entendimento que a ação sobre a realidade urbana efetiva poderia se dar pela articulação, mutável e efêmera, de elementos existentes. Não mais a cidade como um sistema de funcionamento perfeito, mas como redes de objetos e ações mutáveis – e assim, portanto, articuladoras e desestruturadoras de novas redes.

Redes Tecnológicas

Pensar as infra-estruturas tecnológicas urbanas a partir do paradigma das redes e seus "espaços abstratos, espaços topológicos, espaços de n dimensões", como escreveu Gabriel Dupuy[14], desafia o senso comum de enxergá-las como sistemas ensimesmados. O exemplo inicial das águas ainda é ilustrativo: se a água que sai de uma torneira é potável, isso indica que o sistema de abastecimento *funciona*. Porém, quando ligamos seu ponto de captação em um manancial a dezenas de quilômetros

14 Op. cit.

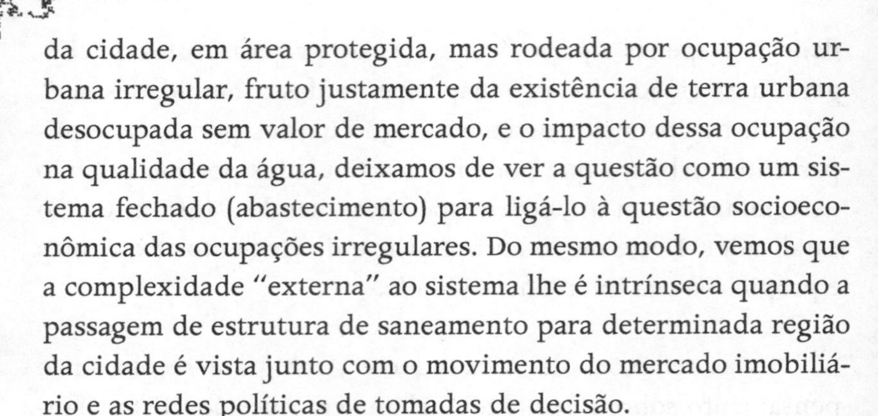

da cidade, em área protegida, mas rodeada por ocupação urbana irregular, fruto justamente da existência de terra urbana desocupada sem valor de mercado, e o impacto dessa ocupação na qualidade da água, deixamos de ver a questão como um sistema fechado (abastecimento) para ligá-lo à questão socioeconômica das ocupações irregulares. Do mesmo modo, vemos que a complexidade "externa" ao sistema lhe é intrínseca quando a passagem de estrutura de saneamento para determinada região da cidade é vista junto com o movimento do mercado imobiliário e as redes políticas de tomadas de decisão.

Para analisar as redes urbanas tecnológicas é necessário um primeiro movimento de *desarticular* as redes estruturadas, os sistemas que "funcionam". As redes de mobilidade urbana, por exemplo, são uma forma de recolocar o problema do sistema de transportes. Ainda discutindo os princípios modernistas de planejamento e a cidade que se faz no cotidiano de seu uso, Christopher Alexander[15] dizia que a separação total de espaços para pedestres e veículos defendida nos planos de Le Corbusier, Louis Kahn e outros impedia, no entanto, o funcionamento de outras redes complementares de mobilidade (como os táxis, ou mesmo os ônibus), que dependem justamente do cruzamento, às vezes não predeterminados, dos tráfegos pedestres e veiculares, como no caso dos táxis. Isso implica, portanto, pensar as locomoções diárias na cidade não a partir de um "sistema", mapeável, controlável, previsível, mas de redes de mobilidade urbana, que são instáveis, por vezes imprevisíveis, e dificilmente controláveis.

As pessoas se movimentam na cidade por desejo ou necessidade; a sobreposição desses movimentos com pontos e linhas do sistema de transporte nem sempre significa o atendimento do sistema às demandas de mobilidade urbana (como se vê na

15 Op. cit.

propaganda oficial dos municípios); muitas vezes eles são, na verdade, um condicionante para os deslocamentos, únicos trajetos possíveis de deslocamento. A mudança de visão para as redes de mobilidade implicaria na decisão de perda de controle total sobre um *sistema*, para a criação de oportunidades de conexões entre diferentes modos de deslocamento urbano, construindo redes de mobilidade urbana integrando táxis, pedestres, ônibus, bondes, bicicletas etc.

Essa passagem de sistema para redes, porém, ainda se restringe aos deslocamentos urbanos. Ainda há que se considerar que a estruturação de um sistema de transporte, muito mais do que ser uma questão de movimentar pessoas na cidade, significa a indução do crescimento urbano no sentido das regiões que serão servidas por esse serviço. Isso é feito de modo claro ou velado. Claro é o exemplo de Curitiba, que desde o início dos anos de 1970 estruturou seu desenvolvimento urbano no tripé uso do solo/sistema viário/transportes públicos. Portanto, a passagem de ônibus por certos eixos induziria o crescimento da cidade com determinados usos e formas, constituindo outras redes agregadas de serviços públicos para atender a essa população. Neste mesmo sentido, como mostrou Teresa Caldeira[16] ao analisar o loteamento de regiões da cidade de São Paulo ligadas ao provimento de serviços de transporte, houve com isso a implicação da compra de terras pelos mesmos prestadores de serviços que, de forma direta, induziram o crescimento da cidade para regiões servidas por suas empresas, criando uma clientela cativa em detrimento das intenções do poder público para o desenvolvimento urbano.

Assim, para que as relações entre estruturas e/ou sistemas não sejam vistas de modo isolado é necessário um desprendimento analítico por proximidade física, temporal ou

16 *Cidade de Muros*: crime, segregação e cidadania em São Paulo.

causal. Discutindo esta dificuldade para a geografia urbana, Lia Machado diz que

> causas aparentes são muitas vezes sintomas coincidentes. Em outras palavras, a alta correlação temporal entre variáveis nos sistemas complexos nos leva a estabelecer associações de causa e efeito entre variáveis que estão simplesmente se movendo juntas como parte do comportamento dinâmico do sistema[17].

Esse argumento ressalta a dificuldade de se olhar para um arranjo de partes (objetos e ações) próximas temporal e/ou espacialmente de outro modo que não tentando ligar essas partes de modo causal; na verdade, poderíamos dizer, em uma tentativa de linearizar uma malha complexa, onde uma ação não tem efeito direto em um objeto próximo, nem desencadeia uma reação imediata. Uma ação pode ocorrer *aparentemente* como um fato isolado e, em uma região distante e em outro tempo, provocar reação ou induzir o comportamento de um objeto.

O papel das tecnologias de informação no ambiente urbano mostra-se de modo mais forte justamente nessas redes *distópicas* e *discrônicas*, ou seja, onde e quando a contigüidade espacial e temporal não revela a causa, o efeito nem a circunstância das ações e reações que desencadeiam. Em um primeiro momento, os *nichos conectados* são a imagem mais evidente da sociedade de informação nas cidades: podem ser claramente identificados, com o que Stephen Graham chamou de *spatial premium networks*[18] (redes espaciais premium), dando como exemplos os enclaves de serviços financeiros globais, com a

17 Sistemas e Redes Urbanas como Sistemas Complexos Evolutivos, em *Anais do VII Simpósio Nacional de Geografia Urbana*, p. 129.

18 Constructing Premium Networks Spaces, *International Journal of Urban and Regional Research*, n.1.

"combinação de conexão infra-estrutural global e tentativas de 'filtrar' cuidadosamente as conexões locais". A cidade infiltrada[19] permite imaginar a cidade na sociedade de informação não com seus nichos identificados de "conectados", mas em uma conexão latente em qualquer ponto, e, principalmente, a *infiltração informacional* em qualquer ponto, em qualquer sistema, com a menor rastreabilidade possível.

Quanto à conexão latente, isso significa que qualquer porção do espaço está potencialmente apta a ser um ponto de acesso à rede de telecomunicações, uma passagem ao ciberespaço. Evidentemente isto depende de infra-estrutura, mesmo que "invisível", como os acessos à internet sem fio (Wi-Fi) – o que é visto cada vez com mais freqüência, tanto quanto a cobertura potencialmente plena da telefonia celular. Do modo reverso, mas pelas mesmas características, a infiltração informacional pode se dar em qualquer ponto. No ambiente urbano, pensar informação pelo seu sentido estrito do conteúdo de uma mensagem é destituí-la de toda força e dar a seus agentes (aqueles que possuem os meios tecnológicos), ao mesmo tempo, campo aberto de atuação. Para pensar a infiltração da informação no ambiente urbano, não olhe para os *outdoors* eletrônicos com propagandas de produtos; observe o intervalo inconstante da semaforização das vias principais, que regulam os fluxos veiculares em tempo real pelo mapeamento via satélite do tráfego. A Times Square com seus luminosos é apenas a caricatura da cidade infiltrada por informação; mais que tudo, olhe para seu prato de legumes, geneticamente modificados. A cidade infiltrada se constrói *através* das redes estabelecidas, não constitui uma cidade nova, estruturada, que *funciona*, pronta para ser mapeada.

19 F. Duarte, La ciudad infiltrada, *Café de las ciudades*, n.23.

Essa atuação *através* de redes existentes ou a constituição de redes não permanentes motivadas por interesses específicos, com estrutura maleável e não-hierárquica, vem sendo empregada por entidades civis como movimentos ambientalistas, organizações não governamentais e por ações políticas globais e locais, estas com especial interesse para serem analisadas como redes urbanas.

Governança Urbana e Redes

As configurações organizacionais de rede, discutidas nas ciências sociais como formas peculiares de organização e coordenação social, ou nas ciências políticas e administrativas como formas peculiares de condução política e gerenciamento público, também não podem, conforme sugerimos neste trabalho, ser analisadas enquanto fenômenos isolados de cunho exclusivamente social. Apesar de as redes poderem ser consideradas formas antigas de convivência humana, elas tomaram, segundo Manuel Castells "uma nova forma, nos tempos atuais, ao transformarem-se em redes informacionais, revigoradas pela internet"[20]. Neste sentido, Castells atribui um papel fundamental às redes das telecomunicações por elas imprimirem uma nova dinâmica social aos sistemas econômicos, políticos e societais, ensejando uma nova "morfologia social" da emergente sociedade em rede[21].

Até que ponto, no entanto, trata-se, no caso das redes, apenas de uma nova abordagem analítica das ciências sociais,

20 *The Internet Galaxy*: reflections on the internet, Business and Society, p. 1.
21 Cf. *A Sociedade em Rede*.

de uma nova forma de olhar e interpretar estruturas e processos sociais e políticos habituais, ou até que ponto se justifica se falar de uma transformação efetivamente paradigmática que se consegue afirmar frente aos avanços do conhecimento e da evolução das condições sociopolíticas em curso?

Uma grande parte da literatura sobre governança e gestão em rede[22] identifica transformações globais responsáveis pelo surgimento de redes de governança, sobretudo a globalização, o enfraquecimento dos Estados nacionais e a crescente influência do mercado e da própria sociedade civil nas políticas públicas.

As discussões sobre *governance* e *policy networks* ganharam força inicialmente na Europa. Nas últimas décadas surgiram arranjos de governança cada vez mais complexos e de maior ou menor grau de formalização, que buscaram contemplar e integrar uma teia crescente de instituições internacionais, nacionais e regionais, bem como ampliar o acesso aos processos decisórios da União Européia às representações dos interesses organizados do mercado e da sociedade civil. As explicações comuns para tais fenômenos dadas pelos cientistas sociais foram, em geral, próprias e exclusivas de suas áreas de conhecimento; toma-se as redes sociopolíticas como redes ensimesmadas: é a perda de legitimidade democrática; a necessidade de mobilizar todos os recursos políticos e administrativos e todo conhecimento disponível para melhorar o desempenho governamental; o potencial da estrutura de rede de conciliar eficiência/efeti-

22 A. Bourdin, *A Questão Local*; R. Hambleton; H. V. Savitch; M. Stewart (eds.), *Globalism and Local Democracy*: challenge and change in Europe and North America; J. Pierre (ed.), *Debating Governance*; J. Kooiman, Governance: a social-political perspective, em J. R. Grote; B. Gbikpi (eds.), *Participatory Governance*: political and societal implications, p. 71-96; K. Frey, Governança Interativa: uma concepção para compreender a gestão pública participativa? *Política & Sociedade*, p. 117-136 e ICT-enforced Community Networks for Sustainable Development and Social Inclusion, em L. Albrechts e S. J. Mandelbaum (eds.), *The Network Society*: a new context for planning?, p. 183-196.

vidade com a harmonização de interesses divergentes por meio de negociações baseadas em relações de confiança; finalmente, a redução dos custos transacionais em situações de tomada de decisão complexas, os fatores condicionantes e fomentadores das redes de governança[23], como fatores explicativos dos novos arranjos de governança identificados.

O supracitado princípio da pregnância, expresso nas sinergias e bloqueios mútuos, nas tendências de articulação e desestabilização que ocorrem entre redes variadas, é identificado e reconhecido apenas em relação à dinâmica das próprias redes sociais.

Entretanto, dificilmente os estudiosos das redes de políticas e de governança se atentam ao fato das características de tais arranjos de governança serem condicionados pela estrutura das redes de telecomunicações, de informação e de mobilidade. Enquanto tal fato parece, pelo menos à primeira vista, pouco relevante para a explicação deste fenômeno sociopolítico no âmbito europeu – uma vez que essas redes, em geral entendidas apenas enquanto suporte tecnológico, parecem onipresentes – no âmbito urbano, sobretudo em cidades partidas, caracterizadas por uma distribuição desigual e seletiva das redes tecnológicas, as interconexões entre essas redes se tornam evidentes e revelam sua condicionalidade mútua. Toda discussão sobre formas de arranjos sociais e possibilidades de governança urbana participativa, portanto, tem seu potencial na conjunção de redes de elementos heterogêneos, ou seja, quando se vê as articulações existentes ou possíveis entre elementos sociais e tecnológicos, que fazem, afinal, o meio urbano.

23 T. A. Börzel, Organizing Babylon on the different conceptions of policy networks, *Public Administration*, p. 253-273.

Conclusão: Pensar a Cidade em Redes

O reconhecimento e o gerenciamento (para os gestores) de diferentes tipos de redes urbanas permitem perceber que a complexidade urbana é feita da articulação de múltiplas redes, algumas mapeáveis, outras não, algumas propensas à estabilidade, outras tendo na instabilidade sua força.

As redes estruturadas e impregnadas no espaço, como o transporte público ou saneamento, são mais fáceis de mapear; mas, quando enxergamos que esses *sistemas* formam *redes* quando articulados com atores imobiliários que atuam no mercado para privilegiar determinadas regiões e interferir no preço da terra, o problema ganha complexidade. Há também uma multiplicidade de redes que não aceitam mapas estáveis e que fomentam dinâmicas urbanas. São as redes anímicas das cidades, as redes sociais que articulam pessoas, grupos organizados, interesses políticos etc. E devemos considerar também as redes cujos nós e ligações não se restringem ao espaço e tempo da cidade. Os fluxos informacionais que perpassam diferentes instâncias da vida individual, social ou organizacional e infiltram-se na cidade constituem uma rede de ações que não tem nada a ver com a mera disseminação da informação. São redes formadas por atores cuja personalidade depende intimamente de sua *posição na rede*, e cujas ações se dão pelos meios tecnológicos com impactos não necessariamente ligados à sua *posição geográfica*. Para as cidades, que sempre tiveram como base de reflexão e trabalho a contigüidade espacial de atores, objetos e ações, a consciência do papel crescente de que fluxos de informação redefinem atores, objetos e ações com implicações diretas (mas muitas vezes efêmeras e não mapeáveis) na vida

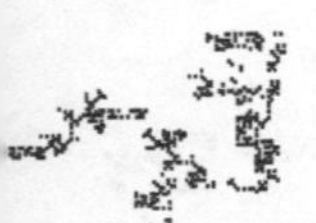

urbana, é o desafio para que os seus instrumentos de gestão também se tornem fluídos[24].

Pensar as redes na cidade, ou antes, pensar a cidade como redes de redes, instáveis, mutáveis, *voláteis*, implica, finalmente, em assumir que, para análise de redes, como escreveu John Law[25], cada entidade (urbana, neste caso) adquire sua forma e atributos como resultado das relações que estabelecem com outras entidades. Aceitar a instabilidade e a agilidade na formação e decomposição de redes que têm nisto sua força é um desafio analítico e gerencial para a gestão urbana acostumada a planos estáveis, infra-estruturas ensimesmadas e estruturas políticas definidas.

Referências Bibliográficas

ALEXANDER, Christopher. A city is not a tree... *Architectural Forum*, v. 122, parte II, n. 1, e n.2, may, 1965.

BARABÁSI, Albert-Lázló (et al). *The Architecture of Complexity*. From the diameter of the www to the structure of the cell. University of Notre Dame, 2003. In: www.nd.edu/~networks

_____; BONABEAU, Eric. Scale-Free Networks. *Scientific American*. May 2003.

BÖRZEL, Tanja A. Organizing Babylon – on the different conceptions of policy networks. *Public Administration*. 1998, V.76.

BOURDIN, Alain. *A Questão Local*. Rio de Janeiro: DP&A, 2001.

CALDEIRA, Teresa P. do Rio. *Cidade de Muros*: crime, segregação e cidadania em São Paulo. São Paulo: Editora 34/Edusp, 2000.

CASTELLS, Manuel. *A Sociedade em Rede*. São Paulo: Paz e Terra, 1999.

_____. *The Internet Galaxy*: reflections on the internet, business, and society. Oxford/New York: Oxford University Press, 2001.

COOK, Peter (org.). *Archigram*. London: Studio Vista, 1992.

24 F. DUARTE, *Crise das Matrizes Espaciais*.

25 Topology and the Naming of Complexity, em J. Law e J. Hassard (eds.), *Actor Network Theory and After*.

DUARTE, Fábio. *Arquitetura e Tecnologias de Informação*. São Paulo: Annablume/Unicamp, 1999.

______. *Crise das Matrizes Espaciais*. São Paulo: Perspectiva/Fapesp, 2002.

______. La ciudad infiltrada. *Café de las ciudades*, n. 23, setembro 2004, Buenos Aires.

DUPUY, Gabriel. *Systèmes, réseaux et territoires*: principes réseautiques territoriale. Paris: Presses de l'École Nationale des Ponts et Chaussées, 1985.

FREY, Klaus. Governança Interativa: uma concepção para compreender a gestão pública participativa?. *Política & Sociedade*, v.1., n.5, 2005.

______. ICT-enforced Community Networks for Sustainable Development and Social Inclusion. In: ALBRECHTS, Louis; MANDELBAUM, Seymour J. *The Network Society*: a new context for planning? London: Taylor & Francis/ Routledge, 2005.

GRAHAM, Stephen. Constructing Premium Networks Spaces. *International Journal of Urban and Regional Research*, v. 24, n. 1. March 2000.

HAMBLETON, Robin; SAVITCH, Hank V.; STEWART, Murray. (eds). *Globalism and Local Democracy*: challenge and change in Europe and North America. New York: Palgrave Macmillan, 2002.

IRAZÁBAL, Clara. Da Carta de Atenas à Carta do Novo Urbanismo: qual seu significado para a América Latina?. *Vitruvius*, n. 19, dezembro 2001. Disponível em www.vitruvius.com.br/arquitextos/arq019/arq019_03.asp.

KOOIMAN, Jan. Governance: a social-political perspective. In: GROTE, Jürgen. R.; GBIKPI, Bernard (eds.). *Participatory Governance*: political and societal implications. Opladen: Leske + Budrich, 2002.

LAW, John. Topology and the Naming of Complexity. In: LAW, John; HASSARD, John (eds). *Actor Network Theory and After*. New York: Blackwell, 1998.

LE CORBUSIER. *Urbanisme*. Paris: Arthaud, 1980.

MACHADO, Lia. Sistemas e Redes Urbanas como Sistemas Complexos Evolutivos. In: *Anais do VII Simpósio Nacional de Geografia Urbana*. São Paulo, USP, outubro de 2001.

MUSSO, Pierre. A Filosofia da Rede. In: PARENTE, André (org.). *Tramas da Rede*. Porto Alegre: Sulinas, 2004.

PARROCHIA, Daniel. *Philosophie des réseaux*. Paris, PUF: 1993.

PIERRE, Jon (ed.). *Debating Governance*. New York: Oxford University Press, 2001.

SALINGAROS, Nikos. *Connecting the Fractal City*. Barcelona: Keynote speech, 5th Biennal of towns and town planners in Europe, 2003. Disponível em www.math.utsa.edu/sphere/salingar/connecting.html.

redes e ambientes virtuais artísticos

[Gilbertto Prado]

Introdução

Vivemos em uma sociedade que já incorporou, através do telefone e outros dispositivos de comunicação, essa relação de contato à distância independentemente da localização e da mobilidade geográfica de seus usuários, em particular através da internet com sua popularização nos anos de 1990 e mais recentemente com os dispositivos *vestíveis* e *wireless*. As novas possibilidades de relação usuários/dispositivos habilitadas pela tecnologia de comunicação mediada por computadores no ambiente de rede, proporcionam um espaço de comunicação interativo que permite participar de eventos, experiências de presença e ação à distância, explorando a sensação de ubiqüidade, deslocamento e simultaneidade. A partir destes sistemas de percepção mediados por computadores estamos redescobrindo

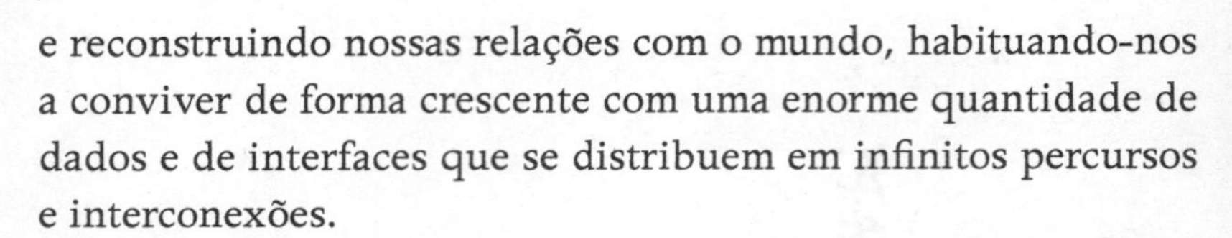

e reconstruindo nossas relações com o mundo, habituando-nos a conviver de forma crescente com uma enorme quantidade de dados e de interfaces que se distribuem em infinitos percursos e interconexões.

Ao mesmo tempo, a individuação e mobilidade no uso dos meios aponta para diferenças culturais na interpretação do que percebemos e processamos. Acelera-se a transformação da maneira como passamos a nos relacionar e nos organizar social, política e economicamente. O funcionamento atual das redes nos faz vislumbrar um novo paradigma com a possibilidade tecnológica de difusão de "Muitos" para "Muitos", em que um indivíduo com acesso a recursos mínimos, pode funcionar como um produtor significativo de informação, de forma isolada ou criando redes, comunidades, grupos, que potencialmente podem "concorrer" ou "relativizar" o fluxo de informação unidirecionado e prevalente das mídias tradicionais. Hoje existe uma tendência do fluxo de informação não se dar mais de um centro para uma periferia silenciosa. Há, portanto, uma reversão de fluxo não alcançada por outros meios. Como conseqüência destas transformações encontra-se a renovação da percepção dos usuários das novas tecnologias de informação em relação às noções de temporalidade, espacialidade e materialidade, gerando assim a possibilidade de novas construções e utopias.

Porém, antes de abordar alguns conceitos e questões relativas à arte em rede acredito ser importante fazer uma breve referência a alguns movimentos dos anos de 1960 e 70, que utilizaram as redes de forma diferenciada e antecederam algumas das manifestações artísticas presenciadas por nós atualmente.

Na medida em que valoriza a comunicação, a arte postal é o primeiro movimento da história da arte a ser verdadeiramente transnacional. Esta é a razão de não podermos falar de redes artísticas sem nos referirmos à arte postal. Ao reunir artistas de todas as nacionalidades e inclinações ideológicas "partilhando" um objetivo comum, tratava-se de experimentar novas possibilidades e intercambiar "trabalhos" numa rede livre e paralela ao mercado "oficial" da arte. A arte postal é certamente uma das primeiras manifestações artísticas a tratar com a comunicação em rede, em grande escala. Ela encontra suas origens em movimentos como neodadá, Fluxus, novo realismo e o grupo japonês Gutai, formado no fim dos anos de 1950, antecipando grandes mudanças que viriam a ocorrer no mundo das artes ocidentais, como o *happening* e a *action painting*. O ano de 1963, data de fundação da New York Correspondence School of Art pelo artista Ray Johnson, pode ser considerado a "data de nascimento" da arte postal.

Esta rede desenvolvida por artistas explorou mídias não tradicionais, promovendo uma estética de surpresas e de colaboração. É importante salientar o uso desviado dessa estrutura em rede já estabelecida, desafiando os limites e convenções estabelecidas, evitando o sistema oficial de arte com sua prática curatorial, mercantilização e valor de julgamento. Tornou-se uma rede verdadeiramente internacional, com centenas de artistas participando febrilmente num fluxo intenso de trabalhos e mensagens audiovisuais e em meios múltiplos.

Desde seu começo, a arte postal era não comercial, sem censura e de participação aberta e irrestrita. Talvez seja importante relembrar que entre os anos de 1960 e início dos anos oitenta, em países com regimes opressivos que silenciavam vozes dissidentes, torturando e matando os seus próprios cidadãos, e onde as tecnologias eletroeletrônicas eram inacessíveis à grande maioria dos indivíduos, a arte postal se tornou freqüentemente a única forma de intervenção artística *antiestablishment*. Por exemplo, no Uruguai, os artistas Clemente Padin e Jorge Caraballo, foram encarcerados em 1975 por crime de "difamação e zombaria das forças armadas". Liberto da prisão em 1977, Padin foi impedido de deixar Montevidéu e sua correspondência foi proibida até fevereiro de 1984.

Não menos provocadora foi a atuação de Paulo Bruscky que, de cunho menos político, porém igualmente contestatório em relação ao regime das instituições e sistemas de artes estabelecidos, iniciou e divulgou a arte correio aqui no Brasil e foi também um dos pioneiros no país em arte-xerox, entre outras tantas experimentações no campo artístico. Remarcamos também, em 1981, a XVI Bienal de São Paulo, que teve a curadoria geral de Walter Zanini e curadoria de Arte Postal por Julio Plaza, que contou com a participação de mais de uma centena de artistas, entre os quais me incluo.

Nas diferenças entre a arte postal e as outras manifestações artísticas em rede que começam a emergir no início dos anos de 1970 estavam as então recentes possibilidades eletroeletrônico/informáticas e os novos dispositivos de comunicação, permeados pela tecnologização em larga escala da sociedade ocidental, suas potencialidades e suas contradições.

No início da década de 1970 já existia, por parte de alguns artistas, a vontade e a intenção de utilizar meios e procedimentos instantâneos de comunicação e suportes "imateriais". Não se desejava mais trabalhar com o lento processo de comunicação postal, era preciso fazer depressa e diretamente, passar do assíncrono ao sincrônico. O desejo de instantaneidade e de transmissão em direto revelava que as questões de ubiqüidade e de tempo real já estavam presentes nessa época. Uma outra particularidade dos anos 70, segundo Carl Eugene Loeffler, era a característica "instrumental". Nesse período, começavam a se estabelecer e se desenvolver as bases de uma relação entre arte e telecomunicações, com artistas que criavam projetos de ordem global. Experiências dessa natureza proliferaram, utilizando satélites, SSTV, redes de computadores pessoais, telefone, fax e outras formas de produção e distribuição por meio das telecomunicações e da eletrônica.

Gostaria também de remarcar brevemente alguns artistas e o movimento estética da comunicação. Este movimento, campo de investigação que emergiu das novas tecnologias comunicacionais, foi fundado por Mario Costa, professor de estética da Universidade de Salerno, com o artista francês Fred Forest e o artista argentino Horácio Zabala. Em 1983, definiram estética da comunicação como "verdadeiro e próprio evento antropológico, capaz de reconfigurar radicalmente a vida do homem e a sua experiência estética"[1]. A este respeito nos diz Walter Zanini:

> Os conceitos da estética da comunicação – que Mario Costa considera o presságio de uma nova idade do espírito, baseada numa extraordinária fusão de arte, tecnologia e ciência – foram por ele expostos consoante dez princípios fundamentais, publicados pela primeira vez na revista *ArtMedia* em 1986 e anos mais tarde em *Leonardo*. A "estética da comunicação" – afirma – "é uma estética de eventos". O evento é definido em suas propriedades e, sinteticamente, podemos dizer: não se reduz a uma forma; apresenta-se como um fluxo espaço-temporal, um processo interativo vivente; expande-se ilimitadamente no espaço-tempo; sua importância não reside no conteúdo permutado, mas nas condições funcionais das trocas; seu processo se faz em tempo real; é uma mobilização de energia que substitui forma e objeto; é o resultado de duas noções interativas temporais: o presente e a simultaneidade; consiste no emprego do espaço-tempo para criar balanços sensoriais: refere-se particularmente às teorias da Escola de Toronto (de H. Innis e McLuhan) e as hipóteses levantadas pelas pesquisas neuroculturais;

1 M. Costa, Per L'estetica della comunicazione, *ArtMedia*, p. 125-127.

ativa uma nova fenomenologia da presença puramente qualitativa e baseada na extensão tecnológica planetária do sistema nervoso; é o *feeling* de não se tratar do "belo" e sim do "sublime" e o fato inédito de este poder ser pela primeira vez "domesticado" pela estética da comunicação[2].

Quanto aos artistas, remarcamos o já citado Fred Forest, que teve vários envolvimentos com o Brasil e que, em Paris, em 1974, ao lado de Hervé Fischer e Jean-Paul Thénot, criou o Collectif d'Art Sociologique. Suas várias ações do período 1962-1994 estão descritas em seu livro 100 *Actions* (100 Ações) e, mais recentemente, em 2004, *Un pionnier de l'art vidéo à l'art sur internet* (Um Pioneiro da Arte do Vídeo na Internet). Fred Forest foi, nos anos de 1960 e 70, um dos primeiros artistas a realizar trabalhos que utilizavam os meios de comunicação de massa de forma crítica e exploratória, o telefone ou o vídeo para explorar as novas formas de criação que escapavam aos critérios tradicionais da arte.

Ainda entre os artistas, assinalamos a dupla Kit Galloway e Sherry Rabinowitz, por projetos pioneiros com uso de satélites e pela criação do Electronic Cafe (Communication Access For Everybody) no Museu de Arte Contemporânea de Los Angeles, em 1984, o qual, posteriormente, sediado em Santa Mônica, na Califórnia, vai ser ponto de contato e conexão entre vários projetos e artistas. Salientamos ainda Roy Ascott, artista e teórico, que publica em 1966 o texto *Cybernetic Vision* sobre a questão da cibernética nas Artes; é também considerado um dos pais da arte telemática. É autor do primeiro projeto de arte internacional, em 1980, de *computer conferencing* (sistema de comunicação via rede de computador que permite ler e

2 A Arte da Comunicação Telemática: a interatividade no ciberespaço, em *Ars*, n.1, p. 18.

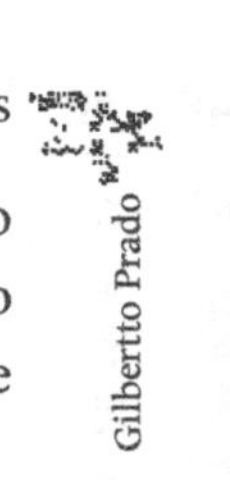

responder a mensagens dos participantes em fórum eletrônico público), entre o Reino Unido e os Estados Unidos, intitulado Terminal Consciousness, com uso da rede Planet, da sociedade Infomedia.

Enquanto evento, não poderíamos deixar de também assinalar aqui no Brasil a 17ª Bienal Internacional de São Paulo, com curadoria-geral de Walter Zanini, em 1983, que apresentou no seu setor de Novas Mídias o evento Arte e Videotexto, organizado por Julio Plaza com a participação de vários poetas e artistas do país; e, sob curadoria de Berta Sichel, uma área de trabalhos composta de seis setores: cabodifusão, computadores, satélites de comunicação, TV de varredura lenta, videofone e videotexto. A iniciativa, segundo o próprio Zanini, mesmo com as grandes limitações tecnológicas do país, representava um passo adiante dos projetos habituais da instituição. É dessa mesma época, no início dos anos 80, que Zanini, em conjunto com Regina Silveira e Julio Plaza, começam a convidar, de forma sistemática para cursos na ECA/USP, artistas estrangeiros que influenciaram enormemente a produção brasileira no campo da arte e tecnologia, entre eles Doug Hall e Antoni Muntadas. Muntadas, com vasta produção de cunho crítico e sem concessões, tem entre suas obras dos anos 90 um dos clássicos da *web*, o "File Room", que nos remete a questão da censura e é um bom exemplo de instalação híbrida que funciona simultaneamente na internet. É um banco de dados que coleta, em escala mundial, casos de censuras de arte. Essa obra-arquivo foi apresentada em numerosas manifestações artísticas na forma de uma instalação kafkiana, rodeada de muros de caixas empilhadas, nas quais se intercalavam monitores de vídeo conectados à internet. Desde sua inauguração, em 1994, simultaneamente no Chicago Cultural Center e na *web*, The File Room oferece aos internautas a possibilidade de adicionar seus próprios exem-

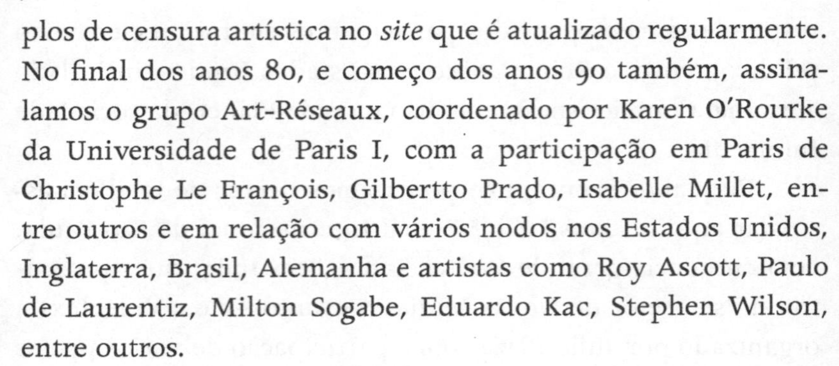

plos de censura artística no *site* que é atualizado regularmente. No final dos anos 80, e começo dos anos 90 também, assinalamos o grupo Art-Réseaux, coordenado por Karen O'Rourke da Universidade de Paris I, com a participação em Paris de Christophe Le François, Gilbertto Prado, Isabelle Millet, entre outros e em relação com vários nodos nos Estados Unidos, Inglaterra, Brasil, Alemanha e artistas como Roy Ascott, Paulo de Laurentiz, Milton Sogabe, Eduardo Kac, Stephen Wilson, entre outros.

Todavia, os tempos são outros. Antes os artistas acreditavam que era suficiente colocar os trabalhos ao alcance de todos (como tentaram e/ou acreditaram vários artistas dos anos 60 e 70). Mais "realistas", os que hoje experimentam os novos meios de difusão procuram menos esse grande público, quase mítico e sonhado, e optam por um público que tenha mais afinidade com suas idéias e propostas. É o espectador que "estabelece o contacto da obra com o mundo exterior, decifrando e interpretando suas qualificações profundas e, desta maneira, adiciona sua própria contribuição ao processo criativo", como dizia Marcel Duchamp.

Nos anos 1990, com a popularização da rede internet, o uso tático das mídias ganha novo fôlego que vai propiciar o aparecimento, mais a frente, dos ambientes multiusuários e da mídia tática com grupos e coletivos de ação artística – formas distintas, porém não excludentes de ação artística em rede. Uma irá trabalhar a questão da imersão e eventual realidade virtual partilhada e a outra trará um interesse de cunho mais social, mas ambas se mostram interativas, tipicamente autorais e independentes. Estas ações vêm colocar o problema da relação ambiente real ou virtual, da possibilidade de se transitar entre o ciberespaço e o mundo físico, capacitando talvez o usuário de várias "dobras", planos de existência. A possibilidade

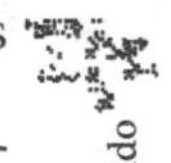

de agenciar constantemente esses distintos "planos" potencializa a geração de singularidades e nos faz pensar: poderia esta ser uma proposta diferente de "organização do homem", uma possibilidade de modulação da "auto-referência"? Porém, devemos nos lembrar, como bem nos aponta Edmond Couchot, que o artista ainda está no mundo real, arraigado nisto, aliás, como a própria tecnologia que ele usa.

Sobre as mídias táticas, trago, a título de ilustração, algumas citações do manifesto *O ABC da Mídia Tática*, de Geert Lovink e David Garcia, de 1997, que acredito exprimem bem o espírito dessas manifestações:

> Mídias Táticas são o que acontece quando mídias baratas tipo "faça você mesmo", tornadas possíveis pela revolução na eletrônica de qualquer coisa que as separa das mídias dominantes. [...] Mídias táticas são mídias de crise, crítica e oposição. [...] Embora as mídias táticas incluam mídias alternativas, não estamos restritos a esta categoria. De fato, nós introduzimos o termo tático para romper e ir além das rígidas dicotomias que têm restringido o pensamento nesta área por tanto tempo, dicotomias tais como amador vs. profissional, alternativo vs. popular. Mesmo privado vs. público. [...] Nossas formas híbridas são sempre provisórias. O que conta são as conexões temporárias que você é capaz de fazer aqui e agora.

Em outras palavras, as novas formas de engajamento social direto baseadas nas redes, as mídias táticas, a utilização de sistemas de distribuição multiusuário para a criação de obras colaborativas, partilhadas, a busca de novas políticas do corpo, a expressão de identidades culturais diferenciadas etc., vêm sendo objeto da indagação e da crítica por artistas que usam os meios como práticas desviantes e experimentais. Nós vivemos hoje num mundo onde tudo está intimamente imbricado,

interdependente. A estrutura de rede, interfaces e dispositivos de comunicação nos possibilitam novos esquemas de ação e de participação artística.

Com o advento da telemática acentua-se um nomadismo diferenciado, divergindo do antigo nomadismo que se caracterizava por linhas de errância e de migração dentro de uma extensão dada. A construção de uma paisagem informacional global, pautada pela interconexão de redes e sistemas *on* e *off line*, é um terreno de conexão de alguns dos nômades contemporâneos.

Se o nômade solitário é uma imagem forte e metafórica, ela não é de todo verdadeira. O nomadismo, mesmo que por vezes seja exercido solitariamente, é fundamentalmente comunitário. O nômade ocupa o espaço não pela fixação de fronteiras, mas pela criação de redes imateriais que estão sempre prontas a serem utilizadas.

O novo nômade se situa certamente sobre a grande cena tecnológica e cultural de nossa contemporaneidade. O artista, eterno viajante no mundo, com seus personagens que não terminam de dizer bom-dia e adeus, que passam carregados de suas bagagens e histórias. Mas a criação não termina em um produto, ela é, antes de mais nada, processo e engajamento no meio de dúvidas, e se prolonga em cada um de nós. Cada artista testemunha uma experiência da paisagem telemática atravessada em seu próprio ritmo, descartando-se do puro efeito técnico para ater-se sobre ínfimos eventos, que às vezes passam despercebidos no nosso cotidiano – povoado de máquinas que funcionam em grande velocidade e marcado por enormes diferenças socioeconômicas.

O trabalho artístico e o artista estão em profunda transformação. Num mundo onde tudo aparenta já ter sido pensado e realizado, as redes permitem, ao menos aos que têm acesso a esses "instrumentos de conhecimento/criação", sonhar juntos uma união e partilha. Trata-se de reorganizar a maneira de ver o mundo, de reconhecer-se nele de reinserir-se como interativo. É uma tomada de consciência através de gestos de existência e de resistência.

Dito de outra maneira, trata-se de mover a sensibilidade, de ensiná-la a se locomover nessa zona onde o imaginário e o real se roçam, se tocam, se permeiam, sem que haja uma linha de separação/continuidade bem definida. Isso significa que a cada troca/passagem, o artista/parceiro se engaja em um percurso de aprendizagem/participação que não se limita somente ao percurso em questão, mas que chama outros e ainda outros, em inumeráveis caminhos, lembrando o Jardim de Borges, cujos caminhos se bifurcam infinitamente.

Referências Bibliográficas

ASCOTT, Roy. *Telematic Embrace*: visionary theories of art, technology, and consciousness. University of California Press, 2003.

BROWN, Paul. Networks and Artworks: the falure of the user friendly interface. In: MEALING, Stuart (org.). *Computers and Art*. Intellect, Exeter, 1997.

COSTA, Mario. *O Sublime Tecnológico*. São Paulo: Experimento, 1994.

______. Per l'estetica della comunicazione. *ArtMedia*, Salerno, 1984.

COUCHOT, Edmond ; HILLAIRE, Norbert. *L'Art Numérique*: comment la technologie vient au monde de l'art. Paris: Editions Flamarion, 2003.

DAMER, Bruce. *Avatars*: exploring and building virtual worlds on the internet. Berkeley: Peachpit Press, 1998.

DOMINGUES, Diana (org.). *A Arte no Século XXI*: a humanização das tecnologias. São Paulo: Editora da Unesp, 1997.

DONATI, Luisa; PRADO, Gilbertto. Artistic Environments of Telepresence on the World Wide Web. *Leonardo*, v. 34., n. 5, p. 437– 442. USA: MIT Press, 2001.

DRUCKREY, Timothy (ed.). *Ars Electronica*: facing the future. MIT Press, 1999.

FOREST, Fred. *Pour un art actuel*: l'art à l'heure d'Internet. Paris: L'Harmattan, 1998.

GARCÍA, Iliana Hernández. *Mundos virtuales habitados*: Espacios electrónicos interactivos. Bogotá: CEJA, 2002.

KERCKHOVE, Derrick. *Connected Intelligence*: the arrival of the web society. Toronto: Somerville House Books, 1999.

LEÃO, Lucia (coord.). *Interlab*: labirintos do pensamento contemporâneo. São Paulo: Iluminuras, 2002.

LÉVY, Pierre. *O Que é o Virtual*. São Paulo: Editora 34, 1996.

MACHADO, Arlindo. *O Quarto Iconoclasmo e Outros Ensaios Hereges*. Rio de Janeiro: Rios Ambiciosos, 2001.

MACIEL, Kátia; PARENTE, André(coord.). *Redes Sensoriais*: arte, ciência e tecnologia. Rio de Janeiro: Contra Capa Livraria, 2003

MANOVICH, Lev. *The Language of New Media*. Massachusetts: The MIT Press, 2001.

MUNTADAS, Antoni ; DUGUET, Anne-Marie. *Muntadas*: media architecture installations, collection anarchive. Paris: Centre Georges Pompidou, 1999.

MURRAY, Janet H. *Hamlet on the Holodeck*: the future of narrative in cyberspace. New York: Free Press, 1997.

O'ROURKE, Karen. City Portraits: an experience in the interactive transmission of imagination. *Leonardo*, v. 24., N. 2, p. 215-219, 1991.

PLAZA, Julio; TAVARES, Monica. *Processos Criativos com Meios Eletrônicos*: poéticas digitais. São Paulo: Hucitec, 1998.

POPPER, Frank. *L'Art à l'âge électronique*. Paris: Hazan, 1993.

PRADO, Gilbertto. *Arte Telemática*: dos intercâmbios pontuais aos ambientes virtuais multiusuário. São Paulo: Itaú Cultural, 2003.

RHEINGOLD, Howard. *Virtual Reality*. New York: Summit Books/Simon & Schuster, 1991.

SANTAELLA, Lucia. *Matrizes da Linguagem e Pensamento*: sonora, visual e verbal. São Paulo: Iluminuras: Fapesp, 2001.

SINGHAL, Sandeep; ZYDA, Michael. *Networked Virtual Environments*: design and implementation. New York: ACM Press, 1999. (Siggraph Series).

VENTURELLI, Suzete. *Arte*: espaço tempo imagem. Brasília: Editora UnB, 2004.

WILSON, Stephen. *Information Arts*. Cambridge: MIT Press, 2002

ZANINI, Walter. A Arte da Comunicação Telemática: a interatividade no cibersepaço. *Ars:* Revista do Departamento de Artes Plásticas. ECA-USP. Ano 1, N.1. São Paulo, 2003.

rede de *hyperlinks*: estudo da estrutura social na internet*

[Han Woo Park e Mike Thelwall]

Introdução

A internet representa um novo canal de comunicação. Portanto, nós testemunhamos recentemente um crescimento surpreendente dos estudos a respeito da internet nas mais diversas áreas de estudos[1]. E embora os pesquisadores em geral apresentem conceitos diversos para a internet, seu conceito original é o de uma rede de redes[2]. O elemento básico estrutural da internet é o *hyperlink*. Um *hyperlink* pode ser de-

* Os autores são gratos a George Barnett e Alexander Halavais por suas importantes sugestões durante o desenvolvimento deste artigo.

1 A Associação de Pesquisadores de Internet (Association of Internet Researchers) pode servir como um bom exemplo. Foi criada com base no avanço dos estudos interdisciplinares no campo da internet. Para mais informações, visite o *site* da AoIR: http://aoir.org.

2 T. Berners-Lee, *Weaving the Web*: the original design and ultimate destiny of the World Wide Web by its inventor.

finido como uma propriedade tecnológica que permite a conexão entre *sites* (ou *webpages*).

Os *hyperlinks* permitem que indivíduos ou organizações conectados à internet expandam suas relações sociais ou comunicacionais na medida em que facilita os contatos entre pessoas ou grupos localizados em qualquer local do globo. Usando *hyperlinks*, as pessoas são capazes de realizar processos de comunicação e coordenação bilateral que cruzam e/ou fortalecem fronteiras *off-line* dentro e entre as organizações. Em um sistema formado por *hyperlinks*, as pessoas podem estar conectadas umas às outras simultaneamente, trocar informação e manter relacionamentos cooperativos por meio de *hyperlinks* em torno de projetos, interesses ou perfis em comum. Esta nova forma de estrutura comunicacional pode ser vista na World Wide Web (www).

Com relação à metodologia para estudo de *hyperlinks* entre *sites*, Michelle Jackson sugere que os métodos de análise de redes sociais (Social Network Analysis –SNA) são aplicáveis[3]. SNA

3 Assessing the structure of communication on the world wide web, *Journal of Computer-Mediated Communication*. Antes de prosseguir na discussão, devemos esclarecer algumas coisas. Jackson argumentou que os métodos de SNA são úteis no estudo de redes comunicacionais mediadas por *hyperlinks*. Uma distinção deve ser feita entre aqueles pesquisadores adotantes e não-adotantes da SNA e seus métodos (e.g., M. R. Henzinger, Hyperlink Analysis for the Web, *IEEE Internet Computing*; J. M. Kleinberg, Hubs, Authorities, and Communities, *ACM Computing Surveys*; M. Thelwall, Commercial Web Site Links. *Internet Research:* Electronic Networking Applications and Policy.). Os dois grupos de pesquisadores parecem similares, mas diferem justamente no uso ou não dos métodos de SNA. Nós consideramos como Análise de Redes de *Hyperlinks* aquelas pesquisas que empregam os métodos de SNA. Considerando que os dois grupos de pesquisadores contribuíram para o desenvolvimento do novo método, este artigo os mescla artificialmente de forma a elucidar a natureza da HNA (S. D. Brunn; M. Dodge, Mapping the 'Worlds' of the World Wide Web: (re)structuring global commerce through hyperlinks. *American Behavioral Scientist*; A. Halavais, National Borders on the World Wide Web, *New Media & Society*; J. W. Palmer; J. P. Bailey; S. Faraj, The Role of Intermediaries in the Development of Trust on the www: The use and prominence of trusted third parties and privacy statements. *Journal of Computer-Mediated Communication*.

é um conjunto de procedimentos de pesquisa para identificação de estruturas em sistemas sociais com base nas relações entre os componentes do sistema (também chamados de nós) em lugar de identificar os atributos dos casos individuais[4]. SNA pode ser útil na compreensão das implicações dos processos sociais mediados por computador[5]. Em particular, Jackson argumenta que a análise de redes baseada em *hyperlinks* é uma abordagem de peso para o estudo da representação e interpretação de estruturas comunicacionais na *web*. Recentemente, vários pesquisadores utilizaram uma abordagem baseada em *hyperlinks* para estudar a internet. Para estes pesquisadores, *hyperlinks* na *web* são considerados não apenas enquanto ferramentas tecnológicas, mas também como um novo emergente canal social (ou comunicacional). O *site* é considerado como um ator, os *hyperlinks* entre *sites* representam a conexão relacional ou *link*.

O objetivo deste trabalho é identificar uma nova e emergente área de interesse: Análise de Redes de *Hyperlinks* (hyperlink network analysis – HNA). Este capítulo faz uma revisão da utilização da HNA em pesquisas anteriores, examina as implicações do estudo da estrutura social na *web* e descreve técnicas de coleta de dados para HNA.

4 E. M. Rogers; D. L. Kincaid, *Communication Networks*: toward a new paradigm for research; W. D. Richards; G. A. Barnett (eds.), *Progress in Communication Science*.

5 L. Garton et al., Studying Online Social Networks, *Journal of Computer-Mediated Communication*.

Desenvolvimento de Redes Sociais

Conforme apresentado na tabela 1 e figura 1, a seguir, uma rede social é composta de nós (pessoas, grupos, organizações ou outras formações sociais tais como países) conectados por conjuntos de relacionamentos[6]. Comparativamente, uma rede de comunicação é uma rede composta por "indivíduos interconectados ligados entre si por meio de padrões de fluxos de informação"[7]. Com o desenvolvimento das tecnologias de informação/comunicação, as abordagens desenvolvidas por pesquisadores para análise dessas redes comunicacionais tornaram-se crescentemente diversas: redes de comunicação mediadas por computador (computer-mediated communication – CMC networks), redes da internet, redes de *hyperlinks*.

TABELA 1: Comparação entre Redes de *Hyperlinks* e outros tipos de Redes.

TIPO DE REDE	Definição conceitual	Unidade de Medida Operacional	Conteúdo do relacionamento/ligação (*link*)
REDE SOCIAL	Um conjunto de pessoas (ou organizações ou outras formações sociais) conectadas por um conjunto de relacionamentos	Indivíduo, grupo, organização, país	Qualquer tipo de relacionamento social
REDE COMUNICACIONAL	Uma rede composta por indivíduos interconectados ligados por padrões de fluxos de informação	Idem, mas geralmente focado nos indivíduos (pessoas)	Comunicação e Informação

6 B. Wellman; S. D. Berkowitz, *Social Structures*: a network approach.
7 E. M. Rogers; D. L. Kincaid, op. cit.

REDE MEDIADA POR COMPUTADOR	Um tipo específico de rede comunicacional na qual os indivíduos são interconectados via sistemas computacionais	Idem, mas inclui sistemas computacionais	Idem ao acima, mas restrito ao fluxo de informação mediado por computadores
INTERNET	Uma rede comunicacional conectada via internet, por meio de um sistema computacional	Idem, mas possui o foco nos usuários da internet	Idem ao acima, mas restrito ao fluxo de informação mediado pela internet
REDE DE *HYPERLINKS*	Uma extensão da rede comunicacional tradicional na qual o foco encontra-se na estrutura de um sistema social baseado em compartilhamento de *hyperlinks* entre *sites*	Idem, mas foca nos *sites* que representam os indivíduos, grupos, organizações, países	Idem ao acima, mas restrito ao fluxo de informação mediado por *hyperlinks* entre *sites*

Exemplos de cada rede podem ser encontrados a partir das seguintes referências: Garton et al. (1997), Monge & Contractor (2000), Rice (1994), Richads & Barnett (1993), Rogers & Kincaid (1981), Wasserman & Faust (1994) e Wellman & Berkowitz (1989).

A análise de redes de comunicação mediadas por computador procura estudar um tipo específico de rede comunicacional na qual os indivíduos estão interconectados por sistemas computacionais incluindo conferências via computador, *computer bulletin boards*, fax e sistemas de suporte a grupos de decisão[8]. Pesquisadores estudiosos de redes mediadas por computador dão ênfase aos sistemas computacionais enquanto canais para o fluxo de informação. Com a emergência da internet, uma rede comunicacional entre sistemas de computadores conectados via internet forma uma importante rede mediada por computador (CMC).

8 R. E. Rice, Network Analysis and Computer-Mediated Communication Systems, em S. Wasserman; J. Galaskiewicz (eds.), *Advances in Social Network Analysis*.

No passado, muitos pesquisadores verificaram as redes comunicacionais mediadas por computador formadas por *conference users*[9]. Seguindo esta mesma abordagem Paccagnella[10] utilizou a Análise de Redes Sociais para examinar padrões estruturais comunicacionais de conferências mediadas por computador realizadas por *cyberpunks* italianos. Além da Análise de Redes Sociais, o autor utilizou a metodologia de análise de conteúdo para descobrir de que forma diferentes tipos de linguagem eram usados de acordo com a posição do participante em relação àquela determinada rede. Ele descobriu que o grau de centralidade de um ator estava positivamente relacionado com o uso de gírias peculiares àquela rede mediada por computador, além de terminologias que demonstravam uma identidade coletiva no grupo.

9 J. Danowski; P. Edison-Swift, Crisis Effects on Intraorganizational: computer-based communication, *Communication Research*; R. E. Rice; G. A. Barnett, Group Communication Networking in an Information Environment: applying metric multidimensional scaling, em M. McLaughlin (ed.), *Communication Yearbook*; R. E. Rice, Communication Networking in Computer-Conferencing Systems: a longitudinal study of group roles and system structure, em M. Burgoon (ed.), *Communication Yearbook*.

10 Language, Network Centrality, and Response to Crisis in On-line Life: a case study on the Italian cyberpunk computer conference, *The Information Society*.

Análise de Redes de *Hyperlinks*

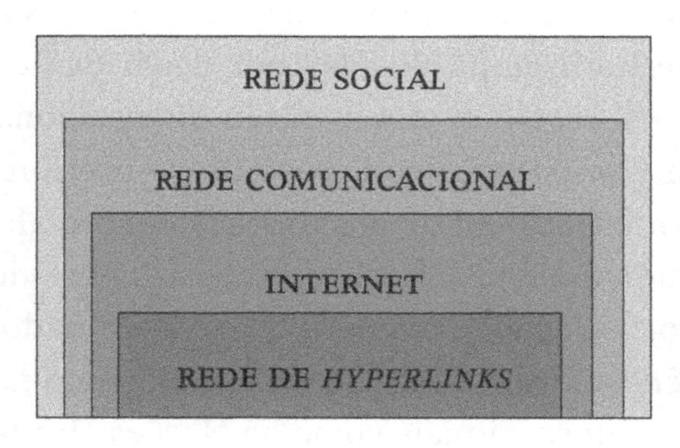

Figura 1: Relação entre Redes de *Hyperlinks* e outras Redes Sociais e Comunicacionais

Haythornthwaite e Wellman[11] utilizaram análise de redes para examinar os padrões de relacionamento e uso da mídia entre 25 cientistas da computação, em um grupo de pesquisa universitário, com base em suas relações de trabalho e amizade, freqüência de comunicação, trocas de informação e tipos de mídia utilizados. Eles descobriram que aqueles que se comunicavam mais freqüentemente estavam envolvidos com uma maior quantidade de relacionamentos onde havia troca de informação e uso de diferentes tipos de mídia. A intensidade de uso de cada mídia também era alta. A proximidade de elos formados por relações de trabalho e amizade, respectivamente, tinha um impacto positivo sobre estes relacionamentos. Além disso, o tipo de informação envolvida nas trocas tinha influência nos tipos de mídia utilizados. Por exemplo, o correio eletrônico era usado mais freqüentemente em relacionamentos de trabalho que em atividades de socialização e trocas envolvendo maior grau de conteúdo emocional.

11 Work, Friendship and Media Use for Information Exchange in a Networked Organization, *Journal of the American Society for Information Science* 49 (12), p. 1001-1114.

Kang e Choi estudaram o fluxo de mensagens entre usuários de internet. Por meio do cruzamento de padrões na publicação de notícias internacionais na internet, eles analisaram o conteúdo de notícias publicadas por usuários de acordo com o destino (país, região ou organização internacional). Os resultados foram consistentes com pesquisas anteriores a respeito do sistema internacional de comunicação mundial: dominância de países tradicionalmente centrais como os Estados Unidos, o Reino Unido e o Japão; e países asiáticos dominados pela China e com tendência à centralização neste fenômeno[12]. Além disso, organizações internacionais como as Nações Unidas e o Banco Central apresentaram-se relativamente centrais no fluxo internacional de notícias.

Os estudos de redes mediadas por computador (*network-oriented* CMC *studies*) concentram-se, geralmente, nos temas: "computer conference participants", colegas de trabalho, usuários de internet e redes virtuais de aprendizagem. Haythornthwaite[13], utilizando dados secundários e entrevistas com quatro turmas de ensino à distância mediado por computador, investigou as redes comunicacionais existentes entre os estudantes. Ela analisou as redes individuais (*individual's ego networks*) no contexto do ambiente virtual de aprendizagem em termos de tamanho tipo e padrão de relacionamentos. A pesquisadora descobriu que as características presentes nas redes virtuais eram similares àquelas encontradas nas redes sociais não-virtuais. O tamanho das redes dos estudantes era proporcional ao tamanho da classe, mas a força dos relacionamentos diminuía na medida em que o tamanho da classe au-

12 G. A. Barnett, A Longitudinal Analysis of the International Telecommunication Network, 1978-1996, *American Behavioral Scientist*, 44(10), p. 1638-1655.

13 Online Personal Networks: size, composition and media use among distance learners, *New Media & Society*, 2(2), p. 195-226.

mentava. Comparados aos comunicadores menos freqüentes, os comunicadores mais freqüentes tinham um maior número de relacionamentos sociais e emocionais e eram mais receptivos aos relacionamentos atuais e futuros. Além disso, grupos de estudantes fortemente conectados tendiam a fazer uso mais intenso de salas de bate-papo virtuais (*Internet Relay Chats* – IRC) e mantinham maior freqüência de troca de correio eletrônico.

Em contraste com estes estudos, Hampton e Wellman[14] ampliaram o papel das comunicações mediadas por computador para ambientes não-virtuais. Em um estudo de uma vila *high-tech* canadense, os pesquisadores utilizaram quatro métodos (etnografia, levantamento de dados via computador, monitoramento de um fórum virtual e grupos focais) para investigar os elos virtuais e não-virtuais formados pela comunidade da região após a implantação de uma rede computadorizada de alta velocidade. Eles descobriram que os residentes conectados via computador apresentavam mais interações sociais, incluindo conversação e visitação, quando comparados aos residentes não conectados via computador. Os autores argumentam que a rede mediada por computador serviu para fortalecer os elos entre os residentes e aumentar a densidade da rede de relações, assim como a internet era mais utilizada para realização de contatos locais que comunicações globais de longa distância.

No contexto das comunicações mediadas por computador (CMC), pesquisadores de redes sociais se concentraram na influência das especificidades sociais e tecnológicas da mídia baseada no computador sobre as comunicações interpessoais[15].

14 Examining Community in the Digital Neighborhood: early results from Canada wired suburb, em T. Ishida; K. Isbister (eds.), *Digital Cities:* technologies, experiences, and future perspectives, p. 194-208.

15 R. E. Rice, Network Analysis and Computer-mediated Communication Systems, em S. Wasserman; J. Galaskiewicz (eds.), *Advances in social network analysis,*

Estes pesquisadores focaram seus estudos no modo como as pessoas usam sistemas mediados por computador para manter relacionamentos ou na própria configuração estrutural das redes comunicacionais virtuais. Esta tendência ainda prevalece. Entretanto, um grupo de pesquisadores investiga os atores em redes sociais com base nos *hyperlinks* entre os *sites*, em lugar do estudo a respeito dos próprios indivíduos.

Uma Nova Rede Mediada por Computador: A Rede de *Hyperlinks*

Estudos recentes em redes comunicacionais mediadas por computador tenderam ao exame de estrutura dos relacionamentos entre as pessoas e de que forma suas posições na rede afetam seu comportamento e atitudes. O interesse predominante é a forma como as vidas dos indivíduos, incrustadas em um ambiente comunicacional mediado por computador, foram afetadas em seus relacionamentos interpessoais com colegas de trabalho, amigos, colegas de classe, residentes, participantes de conferências via computador e membros de comunidades na internet. Nestas pesquisas, os indivíduos foram considerados como nós das redes.

Recentemente, um grupo de acadêmicos começou a descrever *sites* como atores. Sob esta perspectiva, um ator é um *site* que pertence a uma pessoa, empresa privada, organização pública, cidade ou país. Estes nós estão conectados por seus *hyperlinks*. Analistas de redes de *hyperlinks* argumentam que, a despeito

p. 167-203; L. Garton et al. Studying Online Social Networks, *Journal of Computer-Mediated Communication*, 3(1).

da existência relativamente recente da internet, seu crescente papel na comunicação tem se tornado possível por contínuas mudanças na estrutura da rede de *hyperlinks*. Padrões de *hyperlinks* criados ou modificados por indivíduos e organizações que possuem domínios de *sites* refletem escolhas comunicacionais, agendas ou objetivos[16] de seus proprietários. Portanto, o padrão estrutural dos *hyperlinks* em seus *sites* serve a uma determinada função social ou comunicacional.

A internet é uma rede comunicacional construída a partir de conexões interligadas por meio das quais uma certa quantidade de mensagens trafega. Neste processo, um *site* funciona como um nó que transmite mensagens e determina seus caminhos de açodo com uma seleção de *hyperlinks*[17]. Em particular, por meio de *hyperlink*, um único *site* representa o papel de um ator com potencial influência sobre os graus de confiança, prestígio, autoridade ou credibilidade de outro *site*[18]. *Hyperlinks*, enquanto conexões, representam redes entre pessoas, organizações ou países. Portanto, nós podemos interpretar

16 M. H. Jackson, Assessing the structure of communication on the world wide web, *Journal of Commputer-Mediated Comunication*, 3(1).

17 Na medida em que indivíduos ou instituições possuem completa liberdade para escolher o direcionamento dos *hyperlinks* em seus próprios *sites* (ou *webpages*), uma pesquisa realizada por Albert, Jeong e Barabasi (em Diameter of the World Wide Web, *Nature*) demonstra que uma rede possui "a natureza afluente". De acordo com os autores, se você seleciona duas *webpages* aleatoriamente, é possível chegar de uma página até a outra por meio de uma média de 19 *hyperlinks*. Esta não é uma distância geométrica, mas uma distância relativa ao padrão de conexões, ou seja, uma distância topológica (veja B. Hayes, Computing Science Graph Theory in Practice: part 1, *American Scientist*). De fato, a probabilidade de que exista um *hyperlink* entre dois *sites* escolhidos aleatoriamente é próxima a (zero), (L. Terveen; W. Hill, Evaluating Emergent Collaboration on the Web). A *web* como um todo é uma rede extremamente esparsa.

18 J. M. Kleinberg, Hubs, Authorities, and Communities, *ACM Computing Surveys*, v. 31, n. 4; J. W. Palmer et al., op. cit.; H. W. Park et al., Political Communication Structure in Internet Networks: A Korean case, *Sungkok Journalism Review*, n. 11, p. 67-89.

a estrutura social ou comunciacional formada entre estes atores sociais com base na sua estrutura de *hyperlinks*.

Uma Análise de Redes de *Hyperlinks*

Esta seção faz uma revisão das primeiras pesquisas que aplicaram a análise de redes de *hyperlinks* (HNA – *Hyperlink Network Analysis*) no contexto de temas como comunicação internacional, comércio eletrônico, comunicação interpessoal e comunicação inter-organizacional. Também descreve, brevemente, como levantar dados de *hyperlinks* para aplicação de HNA.

Comunicação Internacional. O fluxo de comunicação internacional tem sido percebido como um tópico essencial no estudo da comunicação internacional[19]. Na chamada "sociedade da informação", realizar um levantamento do fluxo de informação entre países com base nos *hyperlinks* pode ser um primeiro passo necessário no mapeamento da nova estrutura de comunicação internacional[20].

Halavais examinou o papel das fronteiras geográficas no ciberespaço utilizando os padrões de *hyperlinks* entre os *sites*. Mais especificamente, ele analisou os *hyperlinks* externos de uma mostra de 4.000 *sites* e determinou a porcentagem de *hyperlinks*

19 G. A. Barnett, G. A., The Social Structure of International Telecommunications, em H. Sawhney; G. A. Barnett (eds.), *Progress in Communication Sciences*, v. XV, p. 151-186; G. A. Barnett; J. G. T. Salisbury, Communication and globalization: A longitudinal analysis of the international telecommunication network, *Journal of World System Research*, 2(16), p. 1-17; G. A. Barnett et al., Network Analysis of International Internet Flows.

20 S. D. Brunn; M. Dodge, op. cit.; A. Halavais, op. cit.; E. Hargittai, Weaving the Western Web: Explaining differences in internet connectivity among OECD countries, *Telecommunications Policy*, n. 23, p. 701-718.

provenientes dos vários países. Domínios sem identificação geográfica (por exemplo .com ou .edu) tiveram seus registros verificados para determinação do país de origem.

Em um estudo da estrutura global de comércio na *web*, Brunn e Dodge utilizaram um método similar para analisar *hyperlinks* inter-domínio entre 174 TLDs geográficos (top-level domains ou domínios de alto nível, tais como .ca para Canadá). Os autores trataram *links* de chegada e saída separadamente, embora não tenham aplicado HNS propriamente. Eles desenvolveram uma matriz de inter-*hyperlinks* domínios-por-domínios sobre a qual conduziram cálculos estatísticos descritivos e análise de tabulação cruzada (*cross-tabulation analysis*) por país e região (América do Norte, Europa, Austrália, América do Sul, América Central e Caribe, América do Sul, África do Norte, África Subsaariana, Sul da Ásia e Oeste da Ásia).

O estudo de Barnett, Chon, Park e Rosen[21] diferiu do descrito acima no uso da análise de redes. Os autores utilizaram dados secundários publicados pela Organização para a Cooperação e Desenvolvimento Econômico (OECD, Organization for Economic Cooperation and Development[22]). Os dados incluíram a quantidade de *hyperlinks* incrustados em *sites* entre todos os domínios de alto nível entre países membros da OECD. A análise de redes permitiu determinar o quão central (ou periférico) cada país é e a identificar grupos de países, além de outras dimensões implícitas na rede de *hyperlinks*. Adicionalmente, os autores empregaram o procedimento de atribuição quadrática (QAP – *quadratic assignment procedure*) para avaliar a força do relacionamento entre a rede de *hyperlinks* e outras redes sociais e comunicacionais (telecomunicações internacionais, comércio exterior, exportações,

21 Network Analysis of International Internet Flows.

22 *Working Paper on Telecommunication and Information Service Policies*: Internet infrastructure indicators.

tráfego aéreo, telefonia, linguagem, localização, citações científicas, estudantes, fluxos de imigração e *structural asynchrony*). Os autores argumentaram que a análise de redes de *hyperlinks* abrangeu dois aspectos da comunicação global. Primeiro, revelou a influência das fronteiras nacionais sobre a internet e, em segundo lugar, revelou indiretamente o padrão estrutural do fluxo de informação internacional entre os países.

E-COMMERCE. Palmer, Bailey e Faraj[23] utilizaram o método dos *hyperlinks* para examinar a questão do comércio eletrônico. No momento em que compra uma mercadoria no ambiente *online*, a confiança (ou credibilidade percebida) do consumidor a respeito de um *site* tem sido considerada como um dos fatores mais influentes no processo de transação[24]. Com base nesta teoria, os autores usaram a quantidade de *hyperlinks* internos de um *site* como indicador da confiança nas empresas virtuais. Os dados foram obtidos de Alexa.com. Os resultados revelaram que o número de *links* de chegada estava fortemente relacionado com o uso e proeminência de TTPS (Terceiros Confiáveis ou Trusted Third Parties) e *privacy statements* também considerados como indicadores de confiança. O método de pesquisa utilizado foi similar à análise de redes tradicional com mensuração

23 The Role of Intermediaries in the Development of trust of www..., op. cit.

24 A similaridade entre os conceitos de confiança e credibilidade pode ser questionada, Em outras palavras, quais são as diferenças ou similaridades entre os conceitos? De acordo com Tseng e Fogg (Credibility and Computing Technology, *Comunications of the ACM*, p. 39-44), confiança, em geral, indica uma crença positiva sobre a dependência percebida de uma pessoa, objeto ou processo. É diferente de credibilidade quando envolve efetividade da capacidade tecnológica, como, por exemplo, no caso de um sistema de confiança freqüentemente utilizado em tecnologia da computação (Stefik, *The Internet Edge*: social technical and legal challenges in a networked world). Por outro lado, pode ser usado como sinônimo de credibilidade quando se refere a atributos psicológicos pessoais tais como crenças e expectativas. Cf. D. Gefen, E-commerce: The role of familiarity and trust, *Omega-International Journal of Management Science*, 28(6), p. 725-737; S. Tseng; B. J. Fogg, op. cit.

do prestígio individual em termos do número de amigos que escolheram aquela determinada pessoa com seu representante.

O estudo da Amazon.com realizado por Krebs[25] revelou indiretamente o papel dos *hyperlinks* em relação ao atributo *homophilous* entre os consumidores *online*. Amazon.com fornece aos consumidores informação a respeito de quem comprou determinado livro também comprou estes livros. Há um *hyperlink* disponível que permite aos consumidores potenciais uma consulta direta aos livros sugeridos. Krebs argumenta que o fato de pessoas com interesses similares já terem comprado estes livros contribui a persuadir os consumidores potenciais a realizarem a mesma compra. Escolhendo um determinado livro como nó focal, ele constrói uma rede de "egos" ou "alter" entre os livros. Isto permite que ele veja como os livros hyperlinkados estão interconectados e que posição ocupam nas redes. Além disso, os livros foram agrupados em clusters de acordo com um tópico e ele analisou o papel individual do livro dentro do cluster e entre clusters.

Por meio da análise de uma rede de afiliação entre os 152 *sites* comerciais mais visitados na Coréia, Park, Barnett e Kim[26]. consideraram o número de *hyperlinks* direcionados a um *site* (e os *links* de saída originados a partir deste *site*) como um indicador da credibilidade do *site*. Os autores criaram uma matriz de relações *sites*-por-*sites* tendo como base a existência de *hyperlinks* em uma *webpage* chamada "programa de afiliação" (affiliation program). *Sites* que não representavam um papel significante na rede (ou seja, estavam isolados) eram excluídos. Finalmente, os 44 grupos de *sites* identificados por NEGOPY foram utilizados na pesquisa. Foram mensurados seus graus de centralidade e descobriu-se que a estrutura da rede de afiliação

25 Working in the Connected World Book Network, *IHRIM Journal*, 4(1), p. 87-90.
26 Political Communication Structure in Internet Networks..., op. cit.

era influenciada pelos *sites* de instituições financeiras com os quais os outros *sites* estavam afiliados.

Park, Barnett e Kim explicaram as redes de afiliação dos *sites* como uma função da credibilidade entre *sites* e o desejo de fortalecer certas dimensões da credibilidade. Um *site* com uma alta percepção de credibilidade recebe mais *links* de outros. A força dos *links*, neste caso, o número de *hyperlinks* recebidos, é um indicador da credibilidade do *site*. Portanto, a posição de um *site* em relação a outros *sites* comerciais poderia ser examinada como uma rede de *hyperlinks*[27]. Os autores argumentam que a análise de redes de *hyperlinks* apresenta uma desvantagem na resposta a importantes questionamentos: Como é a estrutura associativa entre *sites*? Que elementos interferem na formação de redes entre *sites* na internet? A pesquisa realizada fornece uma base teórica útil para a aplicação de HNA em um sistema baseado na *web*. A perspectiva utilizada pelos autores reconhece *sites* individuais como atores independentes que, quando agrupados, formam um sistema.

A abordagem de Vedres e Stark, Barnett e Kim[28] é similar àquela utilizada por Park, Barnett e Kim. Com o objetivo de encontrar os *sites* húngaros de maior prestígio, os autores localizaram os *hyperlinks* originados de 170 *sites* selecionados em

27 Estudos anteriores reforçam esta hipótese. Terveen e Hill (Evaluating Emergent Collaboration on the Web, op. cit.) estudaram o uso do número de *hyperlinks* entre *sites* como um indicador da qualidade dos *sites* e descobriu que a conectividade dos *hyperlinks* apresentava uma relação significativa com a qualificação realizada por experts no julgamento dos *sites*. Além disso, o grau de recebimento de elos (*in-degree connectivity*) de um *site* estava positivamente correlacionado com os julgamentos realizados. Evidências adicionais podem ser encontradas em estudos mais recentes. Uma série de estudos conduzidos pelo Persuasive Technology Laboratory da Universidade de Stanford descobriu que estar conectado a um *site* como parceiro pode influenciar a credibilidade percebida de determinados *sites* (Fogg et al., What Makes Websites Credible? op. cit.). Portanto, um *site* que pretende aumentar sua credibilidade inclui *hyperlinks* com *sites* que possuem credibilidade. Um *site* com alto grau de credibilidade percebida recebe muitos *links* de outros *sites*.

28 The [Hungarian] Internet economy: a network approach.

termos de sua presença nos diretórios mais populares da *web*. A mensuração do *site* mais autorizado com base no número de *links* encontrados em outros *sites* é considerada um método que pode ser mais confiável (ou válido ou razoável) que o uso do número de acesso ou visitas[29].

Comunicação Interpessoal e Interorganizacional. A pesquisa descrita acima mostra que a estrutura de *hyperlinks* entre *sites* pode ser usada como medida do fluxo internacional de comunicação e da credibilidade de um *site* individual. Os estudos a seguir utilizam a HNA para examinar a comunicação interpessoal e interorganizacional.

Park, Barnett e Kim[30] analisaram uma rede de *hyperlinks* entre partidos políticos coreanos e parlamentares na qual os nós eram os seus *sites*. Eles desenvolveram uma matriz de *hyperlinks* *sites*-por-*sites* sobre a qual conduziram uma análise hierárquica de *clusters* (*hierarchical cluster analysis*). Além de examinarem a rede de *hyperlinks* entre os políticos, eles também examinaram o relacionamento entre a estrutura da rede de *hyperlinks* e a do pertencimento ao mesmo partido. Os autores descobriram que a estrutura individual da rede de *hyperlinks* estava significantemente relacionada ao pertencimento ao mesmo partido.

Adamic e Adar[31] focaram seu estudo nas *homepages* de estudantes das universidades de Stanford e do Instituto de Tecnologia de Massachusetts e descreveram os *hyperlinks* entre elas. Os autores descobriram que alguns estudantes tinham mais de trinta *hyperlinks* recebidos e/ou enviados enquanto alguns de seus colegas não apresentavam nenhum *link*. Com o propósito de

29 M. R. Henzinger, Hyperlink Analysis for the Web, op. cit.; J. M. Kleinberg, Hubs, Authorities, and Communities, op. cit.; L. Terveen; W. Hill, Evaluating Emergent Collaboration on the Web.

30 Political Communication Strucuture in Internet Networks...,op. cit.

31 You are What you Link.

encontrar um conector que apresentasse um papel-chave na conexão entre as *homepages*, eles mediram a média de caminhos mais curtos entre quaisquer duas *homepages* (9.2 para a rede de Stanford e 6.4. para o MIT). Os autores concluíram que esses resultados podem refletir a existência de uma rede do tipo "pequeno mundo" (*small world network*) simultaneamente *online* (na internet) e *offline* (no mundo real)[32]. Além disso, examinaram o que estudantes conectados entre si têm em comum utilizando a metodologia de análise de conteúdo nas *homepages*. No nível interorganizacional, Bae e Choi[33] empregaram a análise bilateral da rede de *hyperlinks* entre os *sites* com o propósito de capturar a estrutura comunicacional de *hyperlinks* entre 402 organizações não-governamentais de direitos humanos. Os autores descobriram que muitas ONGs foram uma rede de *hyperlinks* entre si de acordo com objetivos similares ou atividades do que com base na localização geográfica. O achado certamente garante futuras pesquisas: o quão similar é o agrupamento de organizações com base na análise de conteúdo das declarações de missões em comparação a análise da rede de *hyperlinks* entre elas?

Com o objetivo de descrever formatos de coordenação no mercado húngaro de internet, Vedres e Stark[34] conduziram uma abordagem múltipla de rede comparando a rede de *hyperlinks* com outras redes tais como *backbone* e *webhosting networks*. Os autores conseguiram estimar similaridades na estrutura geral existente entre os maiores provedores na economia da internet.

No contexto das comunicações interpessoais e interorganizacionais, HNA é, certamente, um método eficiente. Graças ao HNA, um pesquisador é capaz de identificar uma rede invisível no cam-

32 S. Milgram, The Small World Problem, *Psychology Today*; P. J. Watts; S. H. Strogatz, Collective Dynamics of 'Small-world' Networks, *Nature*.

33 S. Bae; J. H. Choi, Cyberlinks Between Human Rights NGOs: A network analysis.

34 Op. cit.

po das comunicações humanas e/ou organizacionais. HNA permite a visualização de uma rede latente entre pessoas ou organizações que, de outra forma, não ficaria aparente se o foco fosse direcionado unicamente ao levantamento dos relacionamentos entre organizações e seus membros. Além disso, a análise de *hyperlinks* tem a vantagem de ser não-intrusiva[35]. Dados de *hyperlinks* podem ser coletados naturalmente sem intrusão em um contexto de pesquisa. Isto pode evitar o levantamento de questões sensíveis que resultam de observação intrusiva na internet: monitoramento, cansaço físico e invasão de privacidade.

Métodos de Coleta de Dados

Dados em redes de *hyperlinks* entre *sites* podem ser obtidos de duas maneiras: 1) observação e 2) mensuração assistida por computador.

Primeiramente, um pesquisador pode coletar dados de *hyperlink* por meio de observação direta. Park, Barnett e Kim navegaram nos 152 *sites* mais freqüentemente visitados entre usuários da *web*[36] e 273 *sites* de parlamentares e 5 partidos políticos coreanos[37]. Com base no resultado destas observações, os autores mensuraram quem estava conectado com quem, neste caso, qual *site* estava conectado com qual *site*.

Não há dúvida de que a observação direta tem sido uma ferramenta de medida central na coleta de dados em rede.

35 L. Garton; C. Haythornthwaite; B. Wellman, Studying Online Social Networks op. cit.; E. J. Web, *Unobtrusive Measures*: nonreactive research in the social sciences.
36 Political Communication Structure in Internet Networks..., op. cit.
37 Idem.

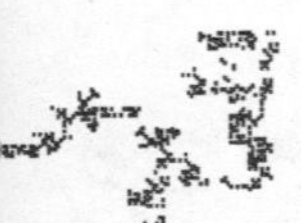

Entretanto, o uso de recursos humanos possui limitações. Requer que um pesquisador navegue em muitos *sites* e *webpages* cuidadosamente. Quando utilizado para uma grande quantidade de *sites*, há um alto custo envolvido, além da possibilidade de erros de coleta e tabulação.

Por estas razões, a medição assistida por computador é recomendada. Pesquisas anteriores no campo da CMC têm utilizado ferramentas assistidas por computador para coletar dados de redes sociais[38]. O método ideal consiste em utilizar um programa computacional desenvolvido para HNA. Entretanto, de acordo com nosso entendimento, ainda não existe um programa ideal para a análise de redes sociais. Como alternativa, alguns pesquisadores têm desenvolvido programas[39]. Embora este processo pareça ser mais efetivo que os métodos tradicionais de observação, ao mesmo tempo é problemático. O programa utilizado varia de acordo com o pesquisador. Em outras palavras, a escolha da ferramenta de medida a ser utilizada pode estar condicionada à questão da pesquisa a ser investigada. Além disso, o acesso a estes programas é limitado, dificultando a replicação de resultados por parte de outros pesquisadores. Diferentes métodos de coleta de dados podem causar diferenças nos resultados de pesquisa.

Na realidade, a dificuldade de escolha das ferramentas de coleta de dados é um problema usual no contexto da comunidade de pesquisa sobre internet[40]. Com o objetivo de determinar a validade e confiabilidade de um método de pesquisa, uma ferramenta de coleta de dados precisa ser confiável e acessível a um preço razoá-

38 K. N. Hampton, Computer Assisted Interviewing: The design and application of survey software to the wired suburb project, *Bulletin de Methode Sociologique (BMS)*.

39 S. Bae; J. H. Choi, op. cit.; A. Halavais, National Borders on the World Wide Web, op. cit.; L. Terveen; W. Hill, op. cit.

40 S. Jones, *Doing Internet Research*: critical issues and methods for examining the net; C. Mann; F. Stewart, *Internet Communication and Qualitative Research*: a handbook for researching online.

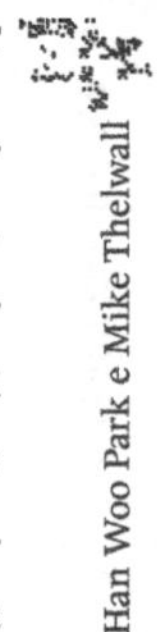

vel. A ferramenta de medida deveria estar disponível ao pesquisador sem que houvesse barreiras consideráveis. Como alternativa, uma ferramenta de busca foi proposta como uma ferramenta apropriada a traçar *hyperlinks* entre *sites*[41]. O AltaVista poderia ser um bom exemplo; este buscador é capaz de gravar *links* de saída e de entrada (*in-going and out-going links*) separadamente[42]. Outra observação refere-se ao fato de que nenhum buscador dentre aqueles mais comumente utilizados produz resultados apropriados para análise de redes. Neste caso, o pesquisador precisa transformar os resultados gerados em sociomatrizes.

Conclusões

Este trabalho focou o uso da HNA como uma nova ferramenta metodológica e apresentou algumas técnicas de coleta de dados de *hyperlinks*. HNA é uma extensão da análise de redes tradicional na medida em que dá ênfase à estrutura de um sistema social com base nos *links* compartilhados entre parceiros em redes de comunicação. A diferença entre a análise de redes de *hyperlinks* e a análise de redes tradicional encontra-se no uso dos dados de *hyperlinks* que podem ser obtidos a partir dos *sites*. Em outras palavras, dois nós, neste caso, dois *sites*, estão conectados em uma rede de *hyperlinks* na medida em que existem *hyperlinks* entre eles. Então, HNA requer a análise de conteúdo dos dados do HTML (*Hyper Text Markup Language*) para

41 Entretanto, há uma crítica a respeito do uso acadêmico dos resultados de buscadores na internet em análise de *hyperlinks*. Snyder e Rosenbaum propõem um questionamento a respeito da confiabilidade dos resultados das ferramentas de busca. L. A. Adamic; E. Adar, op. cit.; S. D. Brunn; M. Dodge, op. cit.

42 Para mais detalhes a respeito dos comandos de busca do AltaVista, acesse a ajuda avançada em altavista.com.

determinar se há *hyperlinks* bilaterais entre dois *sites* ou quantos *hyperlinks* são compartilhados entre *webpages*. Analistas de Redes de *Hyperlinks* (HNA) fundamentam seus quadros teóricos na hipótese de que as relações entre aquele conjunto de atores na *web* podem ser analisadas em termos das conexões entre seus *sites*. Eles argumentam que a análise de *hyperlinks* revela não somente a estrutura social da internet, como também pode ser utilizada para examinar a comunicação entre os atores.

Por outro lado, a pesquisa realizada com HNA ainda não abordou completamente as seguintes questões: Primeiro, existem relações comunicacionais significativas sendo mantidas ou transmitidas via *hyperlinks*? Há fluxo estrutural de informação através de *hyperlinks* conectando indivíduos, organizações ou países? De que forma os *hyperlinks*, enquanto canais de fluxo de informação, estão relacionados (ou não-relacionados) a outros canais *offline* (ou *online*)? Segundo, conforme mencionado por Barnett, Chon, Park e Rosen[43], novas redes comunicacionais estão em processo de evolução, incorporando outros elementos provenientes do sistema social existente. Redes de *hyperlinks* entre *sites* e redes sociais no mundo físico podem ser vistas como co-construtoras entre si, assim como relacionamentos *offline* podem influenciar o modo como os relacionamentos *online* são desenvolvidos e estabelecidos. Surgem questões similares: de que forma relacionamentos de *hyperlinks* articulam elos *offline* (ou outros *online*) de ampla abrangência? Eles realmente refletem as redes sociais no mundo físico? Ou eles contribuem a construir relacionamentos *offline* que cruzam fronteiras? Terceiro, quanto maior o alcance global da internet, maior a quantidade de preferências (ou culturas) regionais e nacionais. As diferenças culturais influem na estrutura da rede de *hyper-*

43 Op. cit.

links entre *sites*? Quarto, o que significa a localização de *sites* em uma estrutura de rede de *hyperlinks*? Em outras palavras, o que dizem as medidas de centralidade (tais como *links* enviados e recebidos, interceptação e proximidade)? Estas medidas são indicadores confiáveis de credibilidade, reputação ou qualidade de conteúdo? Por último, pesquisadores têm questionado por que um *site* escolhe inserir um *hyperlink* para outro determinado *site*. Que fatores influem no aumento (ou decréscimo) nos *links* atuais e futuros de um *site*? Muitas importantes questões permanecem sem resposta a partir das pesquisas. Futuras pesquisas precisam elaborar os questionamentos não respondidos em relação à natureza dos *hyperlinks*. Além disso, com o objetivo de superar certas limitações da HNA, muitos métodos necessitam ser empregados para examinar as motivações de desenvolvedores de *sites* na formação de redes com outros *sites* via *hyperlinks*: levantamentos tipo *survey*, entrevistas em profundidade, observação, análise comparativa de conteúdo de *sites* e outros dados de redes contribuiriam para uma compreensão dos relacionamentos sociais entre componentes de redes, neste caso, os *sites*. Em outras palavras, esta estratégia metodológica tem fortalecido a identificação de redes de *hyperlinks* entre *sites*, examinando o porquê e como *sites* estão interconectados.

Referências Bibliográficas

ADAMIC, L. A.; ADAR, E. You are what you Link. Presented to the 10th annual International World Wide Web Conference, Hong Kong. Retrieved June 19, 2001 from: http://www10.org/program/society/yawyl/YouAreWhatYouLink.htm

ALBERT, Réka; JEONG, Hauwoong; BARABASI, Albert. Lásgló. Diameter of the World Wide Web. *Nature*, 401(9), 1999.

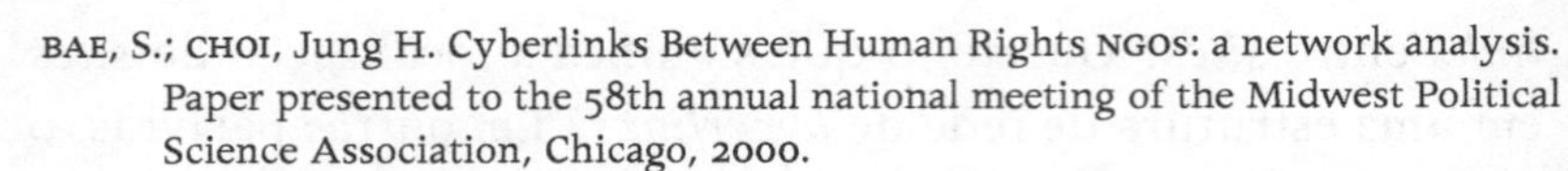

BAE, S.; CHOI, Jung H. Cyberlinks Between Human Rights NGOs: a network analysis. Paper presented to the 58th annual national meeting of the Midwest Political Science Association, Chicago, 2000.

BARNETT, George A. A Longitudinal Analysis of the International Telecommunication Network, 1978-1996. *American Behavioral Scientist*, 44(10), 2001.

_____. The Social Structure of International Telecommunications. In: SAWHNEY, H.; BARNETT, George A. (eds.) *Progress in Communication Sciences*, v. XV: Advances in telecommunications. Stanford, CT: Ablex, 1999.

_____; SALISBURY, J. G. T. Communication and Globalization: A longitudinal analysis of the international telecommunication network. *Journal of World System Research*, 2(16), 1996.

_____; CHON, B. S.; PARK, Han Woo; ROSEN, D. Network Analysis of International Internet Flows. Presented to the International Sunbelt Social Network Conference, Budapest, Hungary, 2001.

BEN-DAVID, Joseph; COLLINS, Robert Social Factors in the Origins of a New Science: The case of psychology. *American Sociological Review*, 31, 1996.

BERNERS-LEE, Tin *Weaving the Web*: The original design and ultimate destiny of the World Wide Web by its inventor. New York: Harper Collins Publishers, 1999.

BRUNN, Stanley D.; Dodge, Martin Mapping the "Worlds" of the World Wide Web: (re)structuring global commerce through hiperlinks. *American Behavioral Scientist*, 44(10), 2001.

DANOWSKI, J.; Edison-Swift, P. Crisis Effects on Intraorganizational, computer-based communication. *Communication Research*, 12(2), 1985.

DE SOLLA PRICE, Derek John. *Little Science, Big Science... and Beyond*. New York: Columbia University Press, 1986.

FOGG, B. J.; MARSHALL, Jonathan; LARAKI, Othman; OSIPOVICH, Alex; VARMA, Chris.; FANG, Nicholas; PAUL, Jyoti; RANGNEKAR, Akshay; SHON, John; SWANI, Preeti; TREINEN, Marissa. What Makes Web Site Credible? A report on a large quantitative study. Presented to the Computer-Human Interaction Conference, Seattle, Washington, 2001. Disponível em: <http://captology.stanford.edu/pdf/p61-fogg.pdf>. Acesso em: 06 dez. 2007

GALASKIEWICZ, Joseph; WASSERMAN, Stanley. Social Network Analysis: concepts, methodology, and directions for the 1990s. *Sociological Methods & Research*, 22(1), 1993.

GARTON, Laura; HAYTHORNTHWAITE, Caroline; WELLMAN, Barry. 1997. Studying Online Social Networks. *Journal of Computer-Mediated Communication*, 3(1). Retrieved September 19, 2000 from: http://www.ascusc.org/jcmc/vol3/issue1/garton.htm

GEFEN, David. E-commerce: the role of familiarity and trust. *OMEGA-International Journal of Management Science*, 28(6), 2000.

HALAVAIS, Alexander. National Borders on the World Wide Web. *New Media & Society*, 2(1), 2000.

HAMPTON, Keith. N. Computer Assisted Interviewing: The design and application of survey software to the wired suburb project. *Bulletin de Methode Sociologique (BMS)*, n. 62, 1999.

HAMPTON, Keith. N.; WELLMAN, Barry. Examining Community in the Digital Neighborhood: Early results from Canada wired suburb. In: ISHIDA, Toru.; ISBISTER, Katherine (eds.), *Digital Cities*: technologies, experiences, and future perspectives. Heidelberg, Germany: Springer-Verlag, 2000.

HARGITTAI, Eszter. Weaving the Western Web: Explaining differences in internet connectivity among OECD countries. *Telecommunications Policy*, n. 23, 1999.

HAYES, Brian. Computing Science Graph Theory in Practice: Part 1. *American Scientist*, 88(1), 2000.

HAYTHORNTHWAITE, Caroline. Online Personal Networks: size, composition and media use among distance learners. *New Media & Society*, 2(2), 2000.

______; WELLMAN, Barry. Work, Friendship and Media use for Information Exchange in a Networked Organization. *Journal of the American Society for Information Science*, 46(12), 1998.

HENZINGER, Monika R. Hyperlink Analysis for the Web. *IEEE Internet Computing* 5(1);, 2001.

JACKSON, Michele H. 1997. Assessing the Structure of Communication on the World Wide Web. *Journal of Computer-Mediated Communication*, 3(1). Disponível em: http://jcmc.indiana.edu/vol3/issue1/jackson.htm. Acesso em: 05 dez 2007.

JONES, Steven. *Doing Internet Research*: critical issues and methods for examining the net. Thousand Oaks, CA: Sage, 1999.

KLEINBERG, Jon M. 1999. Hubs, Authorities, and Communities. *ACM Computing Surveys*, 31(4). Retrieved March 2, 2001 from: http://www.cs.brown.edu/memex/ACM_HypertextTestbed/papers/10.html

KREBS, Valdis. Working in the Connected World Book Network. *IHRIM Journal*, 4 (1), International Association for Human Resource Information Management, 2000.

LIEVROUW, Leah A.; ROGERS, Everett. M.; LOWE, Charles. U.; NADEL, Edward. Triangulation as a Research Strategy for Identifying Invisible Colleges Among Biomedical Scientists. *Social Networks*, n. 9, 1987.

MANN, Chris.; STEWART, Fiona. *Internet Communication and Qualitative Research*: a handbook for researching online: Thousand Oaks, CA: Sage, 2000.

MILGRAM, Stanley. The Small World Problem. *Psychology Today*, 1(1), 1967.

MONGE, Peter; CONTRACTOR, Noshir S. Emergence of Communication Networks. In: JABLIN, Fred M.; PUTNAM, Linda L. (eds.), *The New Handbook of Organizational Communication*: advances in theory, research, and methods. Thousand Oaks, CA: Sage, 2000.

MULLINS, Nicholas. The Development of a Scientific Specialty: the phage group and the origins of molecular biology. *Minerva*, n. 19, 1972.

OECD. Working Paper on Telecommunication and Information Service Policies: internet infrastructure indicators. Paris, OECD, 1998.

PACCAGNELLA, Luciano. Language, Network Centrality, and Response to Crisis in On-line Life: a case study on the italian cyber_punk computer conference. *The Information Society*, n. 14, 1998.

PALMER, J. W.; BAILEY, Joseph P.; FARAJ, S. The Role of Intermediaries in the Development of Trust on the WWW: The use and prominence of trusted third parties and privacy statements. *Journal of Computer-Mediated Communication*, 5(3). Retrieved Jun 22, 2000 from: http://www.ascusc.org/jcmc/vol5/issue3/palmer.htm

PARK, Han Woo; BARNETT, George A.; KIM, Chun-Sik. Political Communication Structure in Internet Networks: a korean case. *Sungkok Journalism Review*, 11, 2000.

RICHARDS, W. D.; BARNETT, George A. (eds.). *Progress in Communication Science*, 12. Norwood, NJ: Ablex, 1993.

RICE, Ronald E. Network Analysis and Computer-Mediated Communication Systems. In: WASSERMAN, Stanley; GALASKIEWICZ, Joseph (eds.), *Advances in Social Network Analysis*. Thousand Oaks: Sage, 1994.

RICE, Ronald E.; BARNETT, George A. Group Communication Networking in an Information Environment: applying metric multidimensional scaling. In: MCLAUGHLIN, Margareth (ed.). *Communication Yearbook*, 6. Beverly Hills, CA: Sage, 1986.

RICE, Ronald E. Communication Networking in Computer-conferencing Systems: a longitudinal study of group roles and system structure. In: BURGOON, Michael (ed.), *Communication Yearbook*, n. 6. Beverly-Hills, CA: Sage, 1982.

ROGERS, Everett M.; KINCAID, D. Lawrence. *Communication Networks*: toward a new paradigm for research. New York: Free Press, 1981.

SYNDER, Herbert; ROSENBAUM, Howard. Can Search Engines be used as Tools for Web Link Analysis? A critical review. *Journal of Documentation*, 55(4), 1999.

STEFIK, Mark *The Internet Edge*: social, technical and legal challenges in a networked world. Cambridge: The MIT Press, 1999.

TERVEEN, Loren; HILL, Will Evaluating Emergent Collaboration on the Web. Presented to the Conference of Computer Supported Cooperative Work, Seattle, Washington, 1998. Disponível em: <http://cityeseer.comp.nus.edu.sg/414833.html>. Acesso em: 06 dez. 2007.

THELWALL, M. Commercial Web Site Links. *Internet Research: Electronic Networking Applications and Policy*, 11(2), 2001.

TSENG, S.; FOGG, B. J. Credibility and Computing Technology. *Communications of The ACM*, 42(5), 1999.

VEDRES, Balazs; STARK, David The [Hungarian] Internet Economy: A network approach. Presented to the International Sunbelt Social Network Conference, Budapest, Hungary, 2001.

WASSERMAN, Stanley; FAUST, Katherine. *Social Network Analysis*: Methods and applications. Cambridge, NY: Cambridge University Press, 1994.

WATTS, Duncan J.; STROGATZ, Steven. H. Collective Dynamics of 'Small-world' Networks. *Nature*, 393, 1998.

WEB, E. J. *Unobtrusive Measures*: nonreactive research in the social sciences. Chicago: Rand McNally, 1966.

WELLMAN, Barry; BERKOWITZ, Stephen D. *Social Structures*: A network approach. New York: Cambridge University Press, 1989.

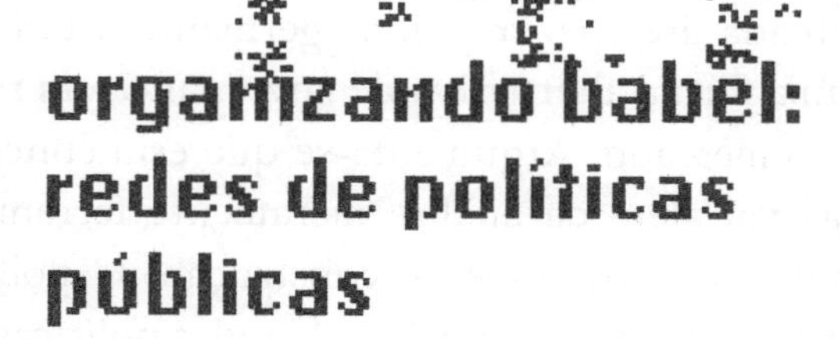

organizando babel: redes de políticas públicas

esclarecendo os diferentes conceitos*

[Tanja A. Börzel]

Uma variedade de conceitos e aplicações "babélicas" a respeito de redes de políticas pode ser encontrada na literatura. Não há um entendimento compartilhado a respeito do que as redes de políticas realmente são, tampouco se chegou a um consenso em torno da possibilidade de serem meramente um tipo de metáfora, um método, uma ferramenta de análise ou

* É preciso tomar cuidado com o uso de um termo chave neste capítulo. "Policy" se refere a "política(s)", no sentido de política industrial, política corporativa, políticas públicas. "Politics" se refere a "política", no sentido da atividade política, política partidária etc. Ou seja, "policy" é produzida como resultado de "politics". O problema é que só temos um termo em português para as duas palavras em inglês. Então uma "policy network" seria mais bem traduzida como "rede de políticas". Já "political network" seria uma "rede política". (N. da T.)

uma teoria. O objetivo deste artigo é revisar o estado-da-arte no campo das redes de políticas públicas, com atenção especial para a concepção alemã de redes políticas, que representa uma visão diferente da concepção anteriormente predominantemente proposta pela literatura anglo-saxônica. Enquanto pesquisadores ingleses e americanos geralmente concebem as redes políticas como modelos de relações entre estado/sociedade em uma determinada área, os trabalhos germânicos tendem a tratá-las como uma forma alternativa de governança em relação à hierarquia e ao mercado. Argumenta-se que esta concepção de redes políticas vai além da análise meramente ferramental utilizada no estudo dos processos de construção de políticas públicas. Além disso, ambos os conceitos de redes políticas – germânico e anglo-saxão – enfrentam um desafio em comum: primeiro, persiste a necessidade de demonstrar sistematicamente que essas redes não apenas existem, mas são realmente relevantes para o processo de construção de políticas e, em segundo lugar, o problema da ambigüidade das redes de políticas precisa ser enfrentado, pois elas podem tanto aumentar como reduzir a eficiência e a legitimidade dos processos de construção política.

Introdução

A palavra "rede" tem se tornado, recentemente, um termo da moda – não apenas no campo das ciências políticas como também em diversas outras disciplinas científicas. Os microbiologistas descrevem as células como redes de informações, os ecologistas conceituam o ambiente natural como sistemas em rede, os cientistas da computação desenvolvem redes neurais com capacidade de auto-organização e auto-aprendizagem. Nas ciências sociais contemporâneas, as redes são estudadas como novas formas de organização social no campo da sociologia da ciência e tecnologia[1], na economia das redes industriais e redes tecnológicas[2], na administração de negócios[3] e nas políticas públicas[4]. O termo rede parece ter se tornado "o novo paradigma da arquitetura da complexidade"[5].

1 M. Callon, The Sociology of an Actor-Network: the case of electric vehicle, em M. Callon et al. (eds). *Mapping the Dynamics of Science and Technology:* sociology of science in the real world, p. 19-34.

2 M. L. Katz; C. Shapiro, Network Externalities, Competition, and Compatibility, *American Economic Review*, v. 75, n. 3, p. 424-440.

3 H. B. Thorelli, Networks: between markets and hierarchies, *Strategic Management Journal*, n. 7, p. 37-51.; W. W. Powell, Neither Market nor Hierarchy: network forms of organization, *Research in Organisational Behaviour*, n. 12, p. 295-336.

4 R. Mayntz (ed.), *Implementation Politischer Programme II*: Ansatze zur Theoriebildung; D. Marsh; R. A. W. Rhodes (eds.), Policy Communities and Issue Networks: beyond typology, em D. Marsh; R. Rhodes (eds.), *Policy Networks in British Government*, p. 249-268; G. Lehmbruch, The Organization of Society: Administrative Strategies, and Policy Networks, em R. M. Czada; A. Windhoff-Héritier (eds.). *Political Choice, Institutions, Rules and the Limits of Rationality*, p. 25-59; A. Benz, Mehrebenen-Verflechtung: Verhandlungsprozesse in verbundenen Entscheidungsarenen, em *Horizontale Politikverflechtung:* Zur Theorie von Verhandlungssystemen, p. 147-197; E. Grande, Vom Nationalstaat zur europaischen Politikverflechtung: Expansion und Transformation modemer Staatlichkeit – untersucht am Beispiel der Forschungs- und Technologiepolitik, *Habilitationsschrift zur Erlangung einer venie legendi in Politischer Wissenschaft und Verwaltungswissenschaft*; A. Héritier (ed.), *Policy-Analyse, Kritik und Neuorientierung*.

5 P. Kenis; V. Schneider, Policy Networks and Policy Analysis: Scrutining a new analitical toolbox, em B. Marin; R. Mayntz(eds.), *Policy Network*: empirical evidence and theoretical considerations, p. 25. Uma visão abrangente do surgimento do conceito de redes de políticas na literatura iria muito além do escopo deste artigo. Para a literatura norte-americana, ver G. Jordan, Sub-government, Policy Communities and Networks. Refilling the old bottles?, *Journal of Theoretical Politics*, v. 2, n. 3, p. 319-338; para a literatura britânica, ver R. Rhodes e D. Marsh, *Policy Networks in British Government*, p. 8-18; para a literatura francesa, ver P. Le Gales e M. Thatcher (eds.), *Les réseaux de politique publique*; B. Jouve, Réseaux et commernautes de politique publique en action, em P. Le Gales e M Thatcher (eds.), op. cit.; e para a literatura alemã, ver A. Héritier (ed.), op. cit. Para uma visão geral do conceito de redes de políticas em diferentes disciplinas científicas, ver R. Rhodes, Policy Networks: a British Perspective, *Journal of Theoretical Politics*, v. 2, n. 3, p. 293-317.

Entretanto, o uso do conceito de rede varia consideravelmente dentro e entre diferentes disciplinas. Todos compartilham um entendimento em comum, uma definição mínima, ou menor denominador comum, de redes de políticas como um conjunto de relacionamentos relativamente estáveis, de natureza não-hierárquica e interdependentes, conectando uma variedade de atores que compartilham interesses relativos à política e que trocam recursos com o objetivo de atingir esses interesses, reconhecendo que a cooperação é a melhor maneira de atingir objetivos em comum. Além dessa definição básica, a qual não é completamente à prova de controvérsias, uma grande e confusa variedade de diferentes entendimentos e aplicações do conceito podem ser encontrados na literatura. Freqüentemente, os autores apresentam apenas uma idéia vaga e às vezes ambígua a respeito do que é uma rede de políticas e dificilmente deixam-na explícita. Enquanto alguns consideram as redes políticas como uma simples metáfora para denotar o fato de que o processo de construção de políticas envolve uma grande quantidade e variedade de atores, outros as compreendem como uma valiosa ferramenta para analisar as relações entre os atores que interagem em um determinado setor político. Um terceiro grupo de cientistas percebe as redes políticas como um método de análise das estruturas sociais, mas não concordam a respeito do uso da análise de redes como um método qualitativo ou quantitativo. E enquanto a maior parte deles discorda com o fato de que as redes políticas fornecem pelo menos uma ferramenta útil para análise da criação de políticas públicas, apenas uma pequena minoria confere algum grau de poder teórico ao conceito.

O objetivo deste artigo é a revisão dos diferentes conceitos de redes de políticas encontrados na literatura. Particular atenção será dada à visão predominante de origem alemã, que compreende as redes políticas como uma forma alternativa de governança em relação à hierarquia e ao mercado. Esta concepção tem sido negligenciada pela literatura anglo-saxã, na qual as redes políticas são consideradas, em geral, como um modelo de relacionamento estado/sociedade em uma determinada área de estudo. Essencialmente, o artigo estrutura a literatura existente a respeito de redes de políticas ao longo destas duas concepções alternativas. A primeira parte é dedicada à chamada "escola de intermediação de interesses" de redes políticas, que contrasta com o trabalho da "escola da governança" na segunda parte do artigo. Finalmente, o potencial da abordagem de redes políticas para se tornar mais do que ferramenta útil de análise de construção de políticas públicas é discutida. O artigo conclui que uma abordagem de redes políticas teoricamente ambiciosa está enfrentando dois grandes desafios: primeiro, precisa demonstrar que as redes políticas não apenas existem mas também são relevantes para a construção de políticas públicas. E em segundo lugar, o problema da ambigüidade das redes políticas precisa ser enfrentado, pois as redes de políticas podem tanto aperfeiçoar quanto reduzir a eficiência e a legitimidade da formulação de políticas.

Método, Modelo ou Teoria?

Há uma variedade "babélica" de diferentes entendimentos e aplicações do conceito de redes de políticas encontrada nos estudos do processo de formulação de políticas tanto no contexto doméstico quanto no contexto europeu. Com o objetivo de estruturar as redes políticas existentes na literatura, faz-se uma primeira distinção com base em duas dimensões:

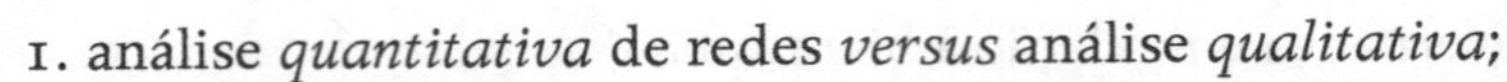

1. análise *quantitativa* de redes *versus* análise *qualitativa*;
2. redes políticas como uma tipologia de intermediação de interesses *versus* redes políticas como uma forma específica de governança.

A primeira distinção diz respeito a métodos. Ambas as abordagens, qualitativa e quantitativa, utilizam as redes como ferramenta de análise. A abordagem quantitativa, entretanto, considera a análise de redes como um método de análise da estrutura social. As relações entre os atores são analisadas em termos de coesão, equivalência estrutural, representação espacial, utilizando métodos quantitativos tais como classificação hierárquica ascendente, tabelas de densidade, *block models* etc.[6].

A abordagem qualitativa, por outro lado, é mais orientada a processos. Seu foco se concentra menos na mera estrutura de interação entre os atores e privilegia o levantamento do conteúdo dessas interações, utilizando métodos qualitativos tais como entrevistas em profundidade e análises de conteúdo e de discurso. Além disso, as duas abordagens metodológicas não são mutuamente exclusivas, mas complementares[7] A partir deste ponto, este capítulo enfatiza as distinções mais relevantes

6 Para um excelente exemplo de análise quantitativa de redes, ver P. Sciarini, Elaboration of the Swiss Agricultural Policy for the GATT Negotiations: a network analysis, *Schweizer Zeitschrift fiir Soziologie*, 22, 1, p. 85-115; cf. E. O. Laumann; F. U. Pappi, *Networks of Collective Action*: a perspective on community influence systems; E. O. Laumann; D. Knoke, *The Organizational State*: social in national policy domains; F. U. Pappi; D. Knoke, Political Exchange in the German and American Labor Policy Domain, em B. Marin, R. Mayntz (eds.), *Policy Network*, p. 179-208.

7 P. Sciarini, Elaboration of the Swiss Agricultural Policy for the GATT Negotiations..., op. cit., p. 112. Para uma tentativa de unir os dois conceitos em um enfoque de redes para uma área de política, ver F. U. Pappi, Policy-Netzwerke: Erscheinungsform moderner Politiksteuerung oder methodischer Ansatz?, em A. Héritier (ed.), op. cit., p. 90-93.

entre redes de políticas como tipologias de intermediação de interesses e como formas específicas de governança.

Redes políticas como tipologias de intermediação de interesses *versus* redes políticas como formas específicas de governança

Duas diferentes "escolas" de redes políticas podem ser identificadas no campo das políticas públicas. A mais proeminente, a "escola de intermediação de interesses", interpreta as redes políticas como um termo genérico para caracterizar diferentes formas de relacionamento entre grupos de interesse e o estado. A "escola da governança", por outro lado, concebe as redes políticas como uma forma específica de governança, como um mecanismo de mobilização de recursos políticos em situações nas quais esses recursos estão amplamente dispersos entre os atores públicos e privados. Esta concepção mais restrita de redes políticas é conseqüência, em sua maior parte, de trabalhos no campo das políticas públicas.

A distinção entre as duas escolas é fluida e nem sempre claramente definida na literatura. Em todo caso, elas não são mutuamente exclusivas[8]. Entretanto, há uma diferença fundamental entre as duas escolas. A escola de intermediação de interesses concebe as redes políticas como um conceito genérico que se aplica a *todos os tipos* de relacionamento entre atores públicos e privados. Para a escola da governança, ao contrário, as redes políticas caracterizam apenas uma forma *específica* de interação público-privado nas políticas públicas (governança), aquela ba-

8 Veja, por exemplo, P. J. Katzenstein (ed.), *Between Power and Plenty*: foreign economic policies of advanced industrial states; R. A. W. Rhodes, *Beyond Westminster and Whitehall*; D. Marsh; R. A. W. Rhodes, Policy Communities and issue Networks..., em D. Marsh; R. A. W. Rhodes (eds.), op. cit.; E. Grande, Vom Nationalstaat zur eurapaischen Politikuerflechturg..., op. cit.; R. A. W. Rhodes, *Understanding Governance*: policy networks, governance, reflexivity and accountability.

seada na coordenação não-hierárquica, oposta à hierarquia e ao mercado enquanto formas distintas de governança. A seguir, descreve-se brevemente as duas escolas de redes políticas, apresentando alguns dos principais trabalhos de cada escola.

Redes políticas como uma tipologia de intermediação de interesses

Pesquisas a respeito das relações entre estado e interesses sociais (intermediação de interesses) foram dominadas durante um longo período de tempo por diferentes versões do "pluralismo". Nos anos de 1970, o pluralismo começou a ser crescentemente desafiado pela teoria neocorporativista[9]. Ambos os modelos, entretanto, têm sido repetidamente criticados por sua "falta de relevância empírica e, além disso, consistência lógica"[10]. Esta crítica ocasionou uma série de qualificações aos dois modelos básicos, levando a uma variedade de "neologismos" para descrever relações estado/grupos tais como "pluralismo de pressão", "corporativismo estatal", "corporativismo societal", "subgoverno de grupo", "pluralismo corporativo", "triângulos de aço", "clientelismo", "mesocorporativismo"[11]. Estes refinamentos dos dois modelos, entretanto, também parecem problemáticos, porque freqüentemente rótulos similares descrevem diferentes fenômenos, ou então rótulos diferentes descrevem fenômenos semelhantes, o que conduz, quase sempre, a confusões e mal-entendidos na discussão sobre as relações

9 Cf. P. C. Schmitter; G. Lehmbruch (eds.), *Trends Towards Corporatist Intermediation*.

10 G. Jordan; K. Schubert, A Preliminary Ordering of Policy Network Labeling, em G. Jordan, K. Schubert (eds.), *European Journal of Political Research*, 21, 1-2, p. 8; R. A. W. Rhodes; D. Marsh, Policy Network in British Polities, em R. A. W. Rhodes; D. Marsh (eds.), op. cit., p. 14.

11 Cf. G. Jordan; K. Schubert, op. cit.

entre estado/grupos de interesse. Portanto, alguns autores sugerem o abandono da dicotomia pluralismo-neocorporativismo e desenvolveram uma nova tipologia na qual a rede é um rótulo genérico que abrange os diferentes tipos de relacionamento entre estado/grupos de interesse[12]. Para eles, "a abordagem de redes representa uma alternativa[13] aos modelos pluralista e corporativista. A rede política é um conceito de nível médio da intermediação de grupos de interesses, o qual pode ser adotado por autores que operam com diferentes modelos de distribuição de poder em democracias liberais"[14].

As tipologias de redes encontradas na literatura compartilham um entendimento em comum a respeito das redes políticas

12 Alguns autores, porém, usam redes somente para denotar um tipo específico de vínculos público-privados em vez de um termo abrangente para relações estado/interesses. Heclo, por exemplo, apresenta sua "rede de questões" como uma alternativa ao conceito de "triângulo de ferro", que foi usado como modelo para as relações estado/indústria nos Estados Unidos nas décadas de 1950 e 1960. Ver H. Heclo, Issue Networks and the Executive Establishment, em A. King (ed.). *The New American Political System*, p. 87-124.

13 O termo "alternativo" talvez seja um pouco enganoso neste contexto. As redes de políticas são entendidas como um conceito guarda-chuva, que integra as diferentes formas de pluralismo e corporativismo em versões específicas de redes. Assim, alguns autores questionam o valor adicional de redes de políticas na análise de formas diferentes de intermediação de interesses (Ver P. Hasenteufel, Do Policy Networks Matter? Lifting descriptif et analyse de l'Etat en interaction, em P. Le Gales; M. Thatcher (eds.), op. cit., p. 91-107). Porém, a escola de governança vê as redes de fato como uma forma alternativa de relações estado-sociedade, diferente de pluralismo e corporativismo. Outros assumem que as redes de políticas se desenvolveram acima de tudo como uma alternativa a abordagens estruturais como o neomarxismo (Cf. P. Le Gales, Introduction: les réseaux d'action publique entre outil passe-partout et theorie de moyenne portee, em P. Le Gales; M. Thatcher (eds.), op. cit., p. 17).

14 G. Jordan; K. Schubert, op. cit.; R. A. W. Rhodes; D. Marsh, op. cit.; Franz van Waarden, Dimensions and Types of Policy Networks, em G. Jordan; K. Schubert (eds.), op. cit., p. 29-52; H. Kriesi, *Les démocraties occidentales:* un approche compare. Para redes de políticas como uma forma para entender melhor os "aspectos configurativos da intermediação de interesses", ver também G. Lehmbruch, The Organization of Society, administrative strategies, and policy networks, em R. M. Czada; A. Windhoff-Héritier (eds.), *Political Choice, Institutions, Rules and the Limits of Rationality*, p. 25-29.

como relacionamentos de dependência de poder entre o governo e os grupos de interesse, dentro dos quais há intercâmbio de recursos. As tipologias, entretanto, diferem entre si em relação a quais dimensões distinguem os diferentes tipos de redes.

Enquanto Grant Jordan e Klaus Schubert utilizam como base de sua tipologia apenas três critérios – o nível de institucionalização (estável/instável), o escopo dos arranjos de construção de políticas (setoriais/trans-setoriais) e o número de participantes (restrito/aberto)[15] –, Frans van Waarden utiliza sete – atores, funções, estrutura, institucionalização, regras de conduta, relações de poder, estratégias dos atores – e finalmente sinaliza três desses critérios como os mais importantes na distinção entre diferentes tipos de redes: número e tipo de atores envolvidos, a função prioritária da rede e o balanço de poder[16].

Uma classificação menos complexa, mas igualmente abrangente de redes políticas foi desenvolvida por Hanspeter Kriesi. A partir dos trabalhos de Schmitter[17] e Lehmbruch[18], a classificação de Kriesi é baseada na combinação de dois modelos de organização estrutural de sistemas de grupos de interesse (corporativismo e pluralismo) e os dois modelos de relações entre o estado e os grupos de interesse (acordo e pressão), enquanto o corporativismo está relacionado ao acordo e o pluralismo à pressão. Kriesi adiciona outra dimensão, a força do estado (forte ou fraco). Tudo isso produz quatro tipos de redes políticas, cada uma caracterizada por um conjunto específico de propriedades[19].

15 G. Jordan; K. Schubert, op. cit.
16 F. van Waarden, op. cit.
17 Still the Century of Corporatism?, *Review of Politics*, 36, p. 85-131.
18 Liberal Corporatism and Party Government, em P. C. Schmitter; G. Lehmbruch (eds.), *Trends Towards Corporatist Intermediation*, p. 147-184.
19 H. Kriesi, op. cit., p. 392-396; P. Sciarini, op. cit.

Michael Atkinson e William Coleman conceituam seis tipos de redes políticas ao longo de duas dimensões diferentes: (1) a estrutura estatal em termos de autonomia e concentração de poder e (2) a capacidade de mobilizar os interesses dos empregadores[20].

Com base na definição de redes políticas de Benson como "um *cluster* ou complexo de organizações conectadas entre si por questões de dependência de recursos e distintas com relação a outros *clusters* ou complexos por quebras na estrutura de dependências de recursos"[21], Rod Rhodes distingue cinco tipos de redes, de acordo com o grau de integração entre seus membros, o tipo de membros e a distribuição de recursos entre eles[22]. O autor posiciona seus tipos de redes em um contínuo que vai das comunidades de redes políticas altamente integradas até aquelas frouxamente integradas; redes profissionais, redes intergovernamentais e redes produtivas estão posicionadas no nível intermediário do contínuo[23]. Em contraste com muitos trabalhos a respeito de intermediação de interesses com foco nas relações estado/mercado, Rhodes utilizou seu modelo de redes políticas para analisar relacionamentos intergovernamentais[24].

20 M. Atkinson; W. D. Coleman, Strong States and Weak States: sectoral policy networks in advanced capitalist economies, *British Journal of Political Science*, 14, 1, p. 46-67; P. J. Katzenstein (ed.), *Between Power and Plenty*: foreign economic policies of advanced industrial states.

21 K. J. Benson, A Framework for Policy Analysis, em D. Rogers; D. Whitten; Associates (eds.), *Interorganizational Co-ordination*: theory, research and implementation, p. 137-176.

22 O "modelo Rhodes" original compreendia somente uma dimensão; o grau de integração. (Ver R. A. W. Rhodes, *European Policy-making*: implementation and subcentral governments. As outras duas foram introduzidas após Rhodes ter reconhecido que havia embutido duas dimensões em seu modelo: o grau de integração e a dominância de um grupo em particular. Cf. R. A. W. Rhodes; D. Marsh, op. cit, p. 21.

23 R. A. W. Rhodes, *Beyond Westminster and Whitehall*.

24 Para a aplicação e avaliação do modelo de Rhodes em estudos de caso empíricos em diversos setores de políticas, além de relações intergovernamentais, ver D. Marsh; R. A. W. Rhodes (eds.), *Policy Networks in British Government*. Ver ainda as seguintes

Stephen Wilks e Maurice Wright aplicaram o "modelo de Rhodes" às relações entre governo e indústria[25]. Entretanto, eles introduziram três grandes modificações ao modelo. Primeiro, eles enfatizaram a natureza desagregada das redes políticas em setores de aplicação de políticas, sugerindo que as relações governo-indústria devem ser analisadas em um nível sub-setorial, e não setorial. Em segundo lugar, eles conferem ênfase considerável às relações interpessoais como um aspecto chave das redes políticas[26], enquanto Rhodes, a partir da teoria interorganizacional, foca exclusivamente nas relações estruturais entre as instituições. Em terceiro lugar, Wilks e Wright redefinem a terminologia de redes políticas. Eles distinguem entre "universo político", "comunidade de políticas" e "rede de políticas". O universo politico é definido como "a ampla população de atores e potenciais atores que compartilham interesses comuns em política industrial, e podem contribuir para o processo de formulação de políticas de forma regular". A comunidade política é reservada para um sistema mais desagregado, envolvendo atores e potenciais atores que compartilham um interesse em uma indústria em particular e que interagem entre si, "trocando recursos com o propósito de equilibrar e otimizar seus relacionamentos mútuos"[27]. E a rede de políticas se torna "um processo conectivo, o resultado dessas trocas, dentro de uma

obras de Rhodes: *The National World of Local Government*; Power Dependence Theories of Central-Local Relations: a critical reassessment, em M. J. Goldsmith (ed.), *New Research in Central-Local Relations*; Policy Networks: a british perspective, *Journal of Theoretical Politics*, 2, 3, p. 293-317; *Understanding Governance:* policy networks, governance, reflexivity and accountability.

25 S. Wilks; M. Wright (eds.), *Comparative Government-Industry Relations*: Western Europe, the United States and Japan.

26 A ênfase em vínculos interpessoais é compartilhada pela literatura francesa sobre redes de políticas. Cf. Bernard Jouve, Reseaux et Communautes de Politique Publique en Action

27 S. Wilks; M. Wright (eds.), op. cit., p. 296.

comunidade de políticas ou entre uma determinada quantidade de comunidades de políticas"[28].

Uma distinção mais fundamental entre os diferentes tipos de redes políticas é a que se faz entre redes heterogêneas e homogêneas. Esta distinção é freqüentemente desprezada; a grande maioria da literatura sobre redes políticas aborda as redes políticas heterogêneas, nas quais os atores envolvidos apresentam diferentes interesses e recursos. Esta heterogeneidade de interesses e recursos cria um estado de interdependência entre os atores, conectando-lhes em uma rede política na qual podem mediar seus interesses e trocar seus recursos. Apenas uma pequena minoria de pesquisadores tem estudado (também) as redes homogêneas, nas quais os atores têm interesses e recursos similares, tais como as redes profissionais[29], comunidades epistêmicas[30] e redes em torno de questões específicas (*principled issue-networks*[31])[32].

Para concluir, o conceito de redes de políticas, sob o ponto de vista da escola de intermediação de interesses, tem sido amplamente aplicado no estudo de construção de políticas setoriais em vários países. As redes de políticas são geralmente consideradas como uma ferramenta analítica para examinar relações de troca institucionalizadas entre o estado e as organizações da sociedade civil, permitindo uma análise mais apurada ao considerar as

28 Idem, p. 297.

29 A.-M. Burley; W. Mattli, Europe Before the Court: a political theory of legal integration, *International Organization*, 47, 1, p. 41-77.

30 P. M. Haas, Introduction: epistemic communities and international policy coordination, *International Organization*, 46, 1, p. 1-35.

31 K. Sikkink, Human Rights, Principle Issue-networks, and Sovereignty in Latin America, *International Organisation*.

32 Agradeço a Adrienne Héritier por salientar a importância da distinção entre redes de políticas heterogêneas e homogêneas. Ela também sugeriu uma possibilidade de ligar conceitualmente os dois tipos de redes pela argumentação de que redes homogêneas de políticas poderiam servir como um importante recurso para atores envolvidos numa rede heterogênea.

diferenças setoriais e subsetoriais[33], os papéis desempenhados pelos atores públicos e privados e os relacionamentos formais e informais entre eles. A suposição básica é de que a existência de redes de políticas, as quais refletem o *status* relativo ou o poder de interesses particulares em um dado campo, influencia (embora não determine) os resultados das políticas.

Alguns autores, entretanto, defendem uma utilização mais ambiciosa do conceito de redes políticas no estudo de formas de intermediação de interesses por meio da atribuição de algum valor explanatório a diferentes tipos de redes. A suposição subjacente é de que a estrutura da rede tem maior influência sobre a lógica de interações entre os membros das redes afetando, portanto, ao mesmo tempo, os processos e resultados políticos[34]. Entretanto, não foram formuladas e testadas hipóteses que comprovem sistematicamente a natureza da conexão entre as redes políticas e o caráter e resultado dos processos políticos[35].

A literatura anglo-saxã em redes políticas enfoca prioritariamente os trabalhos da escola de intermediação de interesses. Atenção muito menor tem sido dada à escola da governança. A seção a seguir procura fornecer uma introdução mais extensa

33 Muitos autores destacam que uma das maiores vantagens de uma tipologia de redes de políticas em nível meso para relações estado-sociedade, em relação às tipologias tradicionais de nível macro, como estados fortes *versus* fracos, é que a tipologia de redes de políticas pode abranger variações setoriais dentro dos estados. S. Wilks; M. Wright (eds.), op. cit.; G. Lehmbruch, Liberal Corporation and Party Government, op. cit.; J. Peterson, The European Technology Community: policy networks in a supranational setting, em D. Marsh e R. A. W. Rhodes (eds.), op. cit.; S. Mazey; J. J. Richardson (eds.), *Lobbying in the European Union*, p. 226-248.

34 D. Knoke, *Political Networks*: the structured perspective; G. Lehmbruch, 'The Organization of Society, Administrative Strategies, and Policy Networks, em R. M. Czada; A. Windhoff-Héritier (eds.). op. cit.; P. Sciarini, Elaboration of the Swiss Agricultural Policy for the Gatt Negotiation..., op. cit. Ver também os estudos de caso empíricos em B. Marin; R. Mayntz (eds.), *Policy Network*: empirical evidence and theoretical considerations; D. March; R. A. W. Rhodes (eds.), *Policy Networks in British Government*.

35 H. Bressers et al. (eds), Networks for Water Policy: a comparative perspective, em H. Bressers et al. (eds), *Environmental Politics*, 3, 4.

a respeito da escola da governança, com ênfase na literatura alemã, ainda pouco conhecida.

Redes políticas como forma específica de governança

Na literatura sobre governança, novamente duas aplicações do conceito de redes políticas são identificadas.

Muitos autores utilizam as redes políticas como um *conceito analítico* ou *modelo* (especialmente no campo da análise política) para caracterizar os "relacionamentos estruturais, interdependências e dinâmicas entre atores na política e na construção de políticas"[36]. Nesse uso, a rede proporciona uma perspectiva a partir da qual é possível analisar situações nas quais uma determinada política não pode ser explicada pela centralização e concentração das ações políticas em direção a objetivos em comum. Em lugar disso, o conceito de redes chama a atenção para as organizações ao mesmo tempo separadas e interdependentes em termos de recursos e interesses. Atores que demonstram um interesse em fazer certo tipo de políticas e que dispõem de recursos (materiais e não-materiais) necessários à formulação, decisão ou implementação dessa política, formam conexões para trocar esses recursos. Essas conexões, que variam em grau de intensidade, normalização, padronização e freqüência de interação, constituem as estruturas de uma rede. Estas "estruturas de governança" de uma rede determinam, por outro lado, as trocas de recursos entre os atores. Elas formam pontos de referência para o cálculo dos custos e benefícios de estratégias particulares dos atores. Portanto, a análise de redes políticas permite que sejam tiradas conclusões a respeito do

36 V. Schneider, *Politiknetzwerke der Chemikalienkontrolle*: Eine Analyse einer transnationalen Politikentwicklung, p. 2.

comportamento dos atores[37]. Entretanto, as redes de políticas são consideradas aqui apenas como um modelo analítico, um quadro interpretativo, no qual diferentes atores estão posicionados e conectados por meio de suas interações em um determinado setor político e no qual os resultados das interações são analisados. Em relação ao por que e como os atores agem, a análise de redes pode responder apenas parcialmente por meio da descrição das conexões entre os atores. Portanto, a análise de redes políticas não é um substituto para a explicação teórica: "A análise de redes não é uma teoria no sentido *stricto sensu*, mas é uma caixa de ferramentas para a descrição e mensuração de configurações regionais e suas características estruturais"[38].

Alguns autores, entretanto, vão além do uso das redes como um conceito analítico. Eles argumentam que não é o suficiente compreender o comportamento de determinada unidade individual como produto das relações interorganizacionais (redes). A suposição subjacente é a de que as estruturas sociais possuem um poder explanatório maior do que os atributos dos atores in-

37 A. Windhoff-Héritier, Die Veränderung von Staatsaufgaben aus politikwissenschaftlichinstitutioneller Sicht, em D. Grimm (ed.), *Staatsaufgaben*, p. 85-88.

38 P. Kenis; V. Schneider, Policy Networks and Policy Analysis, em B. Marin e R. Mayntz (eds.), op. cit., p. 44. Deveria estar claro que esta vertente da escola de governança tem fortes laços com a escola de intermediação de interesses. Elas compartilham uma agenda de pesquisa comum, abordando questões do tipo: como e porque as redes mudam, qual é a importância relativa das relações interpessoais e interorganizacionais, como as redes afetam os resultados das políticas, e quais interesses são dominantes numa rede de políticas. E os estudiosos de ambos os lados concordam que o conceito de redes de políticas em si não é capaz de fornecer respostas completas a essas questões. "[O] conceito de redes de políticas é um conceito de nível meso que ajuda a classificar os padrões de relações entre grupos de interesses e governos. Mas ele deve ser usado em conjunção com uma das diversas teorias do estado para fornecer uma explicação completa do processo de políticas e seus resultados". D. Marsh; R. A. W. Rhodes (eds.), *Policy Networks in British Government*; P. Kenis; V. Schneider, op. cit.; A. Windhoff-Héritier, Die Veränderung von Staatsautgaben ous politikwissenschaftlichinstitutioneller Sicht, em D. Grimm (ed.), op. cit.

dividuais[39]. O padrão de conexões e interações como um todo deveria ser considerado como uma unidade de análise. Em resumo, estes autores trocam a unidade de análise, que era o ator individual para o conjunto de inter-relacionamentos constitutivos das redes interorganizacionais. Enquanto o conceito analítico de redes descreve o contexto e os fatores que conduzem à construção de políticas, o conceito de redes como relacionamentos interorganizacionais enfatiza a estrutura e os processos pelos quais as construções de políticas são organizadas, ou seja, enfatiza a governança. As redes políticas são consideradas como uma forma particular de governança nos sistemas políticos modernos[40]. O ponto de partida é a suposição de que as sociedades modernas são caracterizadas por diferenciação societal, setorialização e crescimento político, que leva a uma sobrecarga política e "governança sob pressão"[41] "A moderna governança é caracterizada por sistemas decisórios nos quais a diferenciação territorial e funcional desagregam a capacidade efetiva de solução de problemas em uma coleção de subsistemas de atores com tarefas especializadas e competência e recursos limitados"[42]. O resultado é uma interdependência de atores públicos e privados na construção de políticas. Os governos se tornaram crescentemente de-

39 B. Wellman, Structural Analysis: from method and metaphor to theory and substance, em B. Wellman; S. D. Berkowitz (eds.), *Social Structure:* a network approach.

40 P. Kenis; V. Schneider, Policy Networks and Policy Analysis..., em B. Marin; R. Mayntz (eds.), op. cit., p. 25-29; J. Kooiman, Social-Political Governance: introduction, em J. Kooiman (ed.), *Modern Governance:* new government-society Interactions, p. 1-16; R. Mayntz, Modernization and the Logic of Interorganizational Networks, em J. Child et al. (eds.), *Societal Change Between Market and Organization*, p. 3-18.

41 G. Jordan; J. J. Richardson, Policy Communities: the British and European style, *Policy Studies Journal*, 11, p. 603-615. Para uma descrição mais detalhada dessas características das sociedades modernas, ver P. Kenis; V. Schneider, Policy Networks and Policy Analysis..., em B. Marin, R. Mayntz (eds.), op. cit., p. 34-36.

42 K. Hanf; L. J. O'Toole Jr., Revisiting Old Friends: networks, implementation structures and the management of inter-organisational relations, em G. Jordan; K. Schubert, (eds.), *European Journal of Political Research*, 21, 1-2, p. 163-180.

pendentes da cooperação e mobilização conjunta de recursos de atores políticos fora do seu controle hierárquico. Essas mudanças favoreceram a emergência de redes políticas como uma nova forma de governança – diferentes das duas formas convencionais de governança (hierarquia e mercado) – o que permite que os governos mobilizem recursos políticos em situações nas quais esses recursos estão amplamente dispersos entre atores públicos e privados[43]. Portanto, redes políticas são "uma resposta a problemas de eficácia das políticas públicas"[44].

Sob esse ponto de vista, as redes políticas são mais bem entendidas como "teias de relacionamentos relativamente estáveis e duradouros que mobilizam e atraem recursos dispersos de forma que as ações coletivas (ou paralelas) podem ser orquestradas em direção à solução de uma política em comum"[45]. Uma rede política inclui todos os atores[46] envolvidos na formulação e implementação de uma política em um setor político. Elas são caracterizadas predominantemente por interações *informais* entre

43 P. Kenis; V. Schneider, Policy Networks and Policy Analysis..., em B. Marin; R. Mayntz (eds.), op. cit.; B. Marin; R. Mayntz, Introduction: studying policy networks, em B. Marin; R. Mayntz (eds.), op. cit. p. 11-23; J. Kooiman, op. cit.; R. Mayntz, Modernization and the Logic of Interorganizational Networks, em J. Child et al. (eds.), op. cit.; P. Le Gales, op. cit.

44 P. Le Gales, op. cit., p. 17.

45 P. Kenis; V. Schneider, op. cit., p. 36.

46 Enquanto alguns autores incluem todos os tipos de atores – corporativos e individuais – na sua definição de redes de políticas, como Adrienne Windhoff-Héritier, outros conceituam redes de políticas puramente em termos de relações *interorganizacionais,* excluindo relações pessoais. Ver B. Marin, Generalized Political Exchange: preliminary considerations, em B. Marin (ed.), *General Political Exchange*: antagonistic cooperation and integrated policy circuits; R. Mayntz, Policy-Netzwerke und die Logik von Verhandlungssystemen; em A. Héritier (ed.), op. cit., p. 39-56, Modernization and the Logic of Interorganizational Networks, em J. Child et al. (eds.), op. cit.; F. U. Pappi, Policy-Netzwerke: Erscheinungsform moderner Politiksteuerung oder methodischer Ansatz?, em A. Héritier (ed.), op. cit., R. A. W. Rhodes, *European Policy-making, Implementation and Sub-central Governments.*

atores *públicos* e *privados*[47] com interesses distintos, entretanto interdependentes, que lutam para solucionar problemas de ação coletiva em um nível central, não-hierárquico.

Em geral, as redes políticas refletem um relacionamento modificado entre estado e sociedade. Não existe mais uma separação clara entre os dois: "Ao invés de emanar a partir de uma autoridade central, seja o governo ou a legislatura, as políticas hoje são *feitas* de fato por meio de um processo envolvendo uma pluralidade de organizações públicas e privadas". É por isso que "a noção de 'redes de políticas' não representa tanto uma nova *perspectiva* analítica, mas sinaliza uma mudança real na estrutura da política"[48].

A visão das redes políticas como uma forma específica de governança fica mais explícita nos trabalhos de alguns acadêmicos alemães da área de políticas públicas, tais como Renate Mayntz, Fritz Scharpf, Patrick Kenis, Volker Schneider e Edgar Grande (a "Max-Planck-School")[49]. Eles começaram a partir da suposição de que as sociedades modernas são caracterizadas por diferenciação funcional e subsistemas societais parcialmente autônomos[50]. A emergência desses subsistemas está estreitamente conectada com a ascendência de organizações formais elaborando relacionamentos interorganizacionais com outras organizações em relação às quais

47 A maioria dos autores assume – implícita ou explicitamente – que as redes de políticas consistem de atores privados e públicos. Poucos aplicam o conceito de redes de políticas também ao estudo de relacionamentos exclusivamente entre agentes públicos R, A. W. Rhodes, *European Policy-making*, implementation and sub-central governments; Idem, *Tlie National World of Local Government*; Idem, Power Dependence Theories of Central-local Relations: a critical reassessment, em M.J. Goldsmith (ed.), *New Research in Central-local Relations*; B. Guy Peters, Bureaucratic Politics and the Institutions of the European Community.

48 R. Mayntz, Modernization and the logic of Interorganizational Networks, em J. Child et al. (eds.), op. cit. p. 5.

49 A maioria dos pesquisadores tem ou tinha ligação com o Max-Planck-Institut fur Gesellschaftsforschung (MPIGF), localizado em Colônia, Alemanha.

50 P. Kenis; V. Schneider, op. cit.; R. Mayntz, Modernization and the Logic of Interorganizational Networks, em J. Child et al. (eds.), op. cit.

apresentam dependência de recursos. Na política, organizações privadas dispõem de importantes recursos e, portanto, tornaram-se crescentemente relevantes para a formulação e implementação de políticas públicas. Nesse contexto estrutural, as redes políticas se apresentam como uma solução para a coordenação de problemas típicos das sociedades modernas. Sob condições de incerteza ambiental e crescente sobreposição de subsistemas societais em nível internacional, setorial e funcional, as redes políticas como um modo de governança oferecem uma vantagem crucial sobre as duas formas convencionais de governança, a hierarquia e o mercado[51]. Ao contrário das hierarquias e dos mercados, as redes políticas não apresentam, necessariamente, conseqüências disfuncionais. Enquanto os mercados não são capazes de controlar a produção de externalidades negativas (problemas de falha de mercado), as hierarquias produzem "perdedores" que precisam arcar com os custos de uma decisão política (exploração de uma

51 Não há consenso na literatura quanto às redes de políticas serem ou não uma forma nova de governança. Alguns autores argumentam que as redes são uma forma híbrida situada em algum ponto ao longo do intervalo formado entre os extremos opostos, mercado e hierarquia. A esse respeito ver, por exemplo, O. E. Williamson, *The Economic Institutions of Capitalism*; e P. Kenis; V. Schneider, op. cit. Isto é verdadeiro se a dimensão analítica subjacente é o grau de vinculação entre os atores. Os mercados são caracterizados pela ausência de vinculação estrutural entre os elementos; hierarquias possuem vínculos fortes; e as redes, que são fracamente vinculadas por definição, ficam numa situação intermediária. Outros, no entanto, encaram as redes como um tipo qualitativamente distinto de estrutura social que é caracterizado pela combinação de elementos pertencentes às outras duas formas básicas de governança: a existência de uma pluralidade de agentes autônomos, típica dos mercados, e a capacidade de buscar objetivos escolhidos por meio de ação coordenada, típica das hierarquias. (Ver R. Mayntz, Modernization and the Logic of Interorganizational Networks, em J. Child et al. (eds.), op. cit., p. 11; B. Marin, Generalized Political Exchange: ..., B. Marin (ed.), op. cit., p. 19-20, 56-58; Walter W. Powell, Neither Market nor Hierarchy..., op. cit.). Uma terceira abordagem enfatiza o caráter das redes de políticas como um complemento da hierarquia ao invés de um substituto aos mercados e hierarquias (A. Benz, Politiknetzwerke in der horizontalen Politikverflechtung, em D. Jansen; K. Schubert (eds.), *Netzwerke und Politikproduktion:* Konzepte, Methoden, Perspektiven, p. 185-204; B. Marin, Generalized Political Exchange:..., em B. Marin (ed.), op. cit.

minoria pela maioria[52]). A auto coordenação horizontal dos atores envolvidos na construção de políticas (sistemas de barganha voluntários ou compulsórios), por outro lado, também tende a produzir resultados sub-otimizados: tais sistemas de barganha tendem a ser bloqueados à dissenção, proporcionando o consenso necessário para a realização de ganhos em comum.

Há dois problemas principais discutidos na literatura que podem gerar dificuldade de consenso ou até mesmo a impossibilidade de consenso em um sistema de barganha: (1) o dilema da barganha (conhecido como o dilema do prisioneiro na teoria dos jogos e *regime theory*), ou seja, situações nas quais desertar da cooperação é mais compensador para um ator racional do que a cumplicidade, assumindo-se o risco de ser enganado[53]; (2) o dilema estrutural, isto é, a própria estrutura interorganizacional de coordenação horizontal. Coordenação horizontal entre organizações é baseada em barganha entre os representantes das organizações. Estes representantes não são completamente autônomos no processo de barganha. Eles estão sujeitos ao controle dos membros de suas organizações. Estes limites intra-organizacionais possuem maiores conseqüências sobre a orientação para a ação dos representantes e para confiabilidade dos comprometimentos feitos na barganha interorganizacional, tornando o consenso nos processos de barganha interorganizacional mais difícil por duas razões: primeiro, devido aos interesses pessoais dos representantes organizacionais e, em segundo lugar, por causa da insegurança causada pelo controle intra-organizacional e a necessidade de implementação intra-organizacional dos compromissos interorganizacionais (deserção involuntária). A conexão dos processos de tomada de decisão intra e interorganizacionais

52 F. W. Scharpf, Koordination durch Verhandlungssysteme: Analytische Konzepte und institutionelle Lösungen, em A. Benz et al. (eds.), op. cit., p. 51-96.
53 Idem.

em estruturas de coordenação horizontal entre diversos níveis de governo, constitui um sistema de barganha no qual os conflitos não são apenas causados por interesses conflituosos ou antagônicos, mas também pela própria estrutura do sistema[54]. Portanto, a probabilidade de produção de resultados em comum em um sistema de barganha que conecta ao mesmo tempo arenas diferentemente estruturadas, diferentes atores e diferentes constelações de interesses é relativamente baixo[55].

A disfunção da autocoordenação horizontal, entretanto, pode ser superada quando tal coordenação ocorre na "sombra da hierarquia" ou dentro das estruturas de rede. Como a coordenação hierárquica se torna crescentemente impossível nas interações entre as fronteiras setoriais, organizacionais e nacionais, os atores precisam confiar na autocoordenação horizontal dentro das redes, as quais podem servir como um equivalente funcional das hierarquias[56]. Por meio da combinação de autonomia dos atores típica dos mercados com a habilidade das hierarquias em perseguir objetivos e controlar duas conseqüências antecipadas, as redes políticas podem superar os maiores problemas da coordenação horizontal:

1. As redes são capazes de produzir intencionalmente resultados coletivos apesar da divergência de interesses de seus membros por meio da barganha voluntária[57]. Ao contrário da "troca" e "interação estratégica", as quais são baseadas na maximização dos interesses pessoais por

54 A. Benz, Mehrebenen-Verflechtung: Verhandlungsprozesse in verbundenen Entscheidungsarenen, em A Benz et. al. (eds.), op. cit.

55 Idem.

56 F. W. Scharpf, Positive und Negative Koordination in Verhandlungssystemen, em A. Héritier (ed.), op. cit.

57 P. Kenis; V. Schneider, op. cit.; R. Mayntz, Modernization and the Logic of Interorganizational Networks, em J. Child et al. (eds.), op. cit.

meio do cálculo de custo-benefício e que são propensas a produzir dilemas de barganha, as negociações em redes políticas são baseadas na comunicação e confiança e buscam atingir resultados articulados, os quais possuem um valor apropriado para os atores. As negociações, para atingirem um resultado em comum nas redes políticas, podem ser guiadas pela perspectiva da reconciliação de interesses (barganha) ou pela perspectiva do desempenho otimizado (resolução de problemas). A questão é, portanto, sob quais condições a resolução de problemas (como a lógica de negociação otimizada mais adequada para produzir resultados em comum)[58] é dominante em relação à barganha. Diferentes acadêmicos têm lidado com este problema[59]. Entre as soluções sugeridas estão a consolidação institucional da rede[60], sobreposição de membros em diversas redes[61], a separação espacial e temporal da busca por uma solução em comum para a distribuição de custos e benefícios[62], ou a combinação sistemática de coordenação positiva (resolução de pro-

58 Para uma discussão das diferenças gerais entre barganha e solução de problemas, ver F. W. Scharpf, Koordination durch Verhandlungssysteme:..., em A. Benz et al (eds.), op. cit.; R. Zintl, Kooperation und Aufteilung des Kooperationsgewinns..., em A. Benz et al (eds.), op. cit. p. 97-146.

59 A. Benz et al (eds.), op. cit.

60 F. W. Scharpf, Political Institutions, Decision Styles, and Policy Choices, em R. M. Czada; A. Windhoff-Héritier (eds.). *Political Choice, Institutions, Rules and the Limits of Rationality*, p. 60-96.

61 F. W. Scharpf, Positive und Negative Koordination in Verhandlungssystemen, em A. Héritier (ed.), op. cit., p. 57-83.

62 R. Zintl, Kooperation und Aufteilung des Kooperationsgewinns..., em A. Benz et al (eds.), op. cit.; F. W. Scharpf, Koordination durch Verhandlungssysteme..., em A. Benz et al (eds.), op. cit.; A. Benz, Mehrebenen-Verflechtung: Verhandlungsprozesse in verbundenen Entscheidungsarenen, em A. Benz et al (eds.), op. cit.; R. Mayntz, Policy-Netzwerke und die Logik von Verhandlungssystemen, em A. Héritier, op. cit., p. 51.

blemas) e coordenação negativa que implica na consideração de interesses de terceiros[63].

2. As redes podem proporcionar conexões adicionais, informais, entre as arenas de tomada de decisão intra e interorganizacionais. Tais conexões informais, baseadas na comunicação e confiança, se sobrepõem às estruturas institucionalizadas de coordenação e conectam diferentes organizações independentemente das relações formais existentes entre elas. As redes auxiliam a superar o dilema estrutural dos sistemas de barganha porque elas provêem possibilidades redundantes de interação e comunicação, as quais podem ser utilizadas para resolver problemas de tomada de decisão (incluindo o dilema da barganha). As redes não servem diretamente para a tomada de decisão, mas para a informação, comunicação e para o exercício da influência na preparação das decisões. Interações em redes não estão expostas a restrições como as regras formais ou atribuições de responsabilidades. Além disso, as redes reduzem os custos de transação em situações de tomada de decisão complexas na medida em que proporcionam uma base comum de conhecimento, experiência e orientação normativa. Elas também reduzem a insegurança, promovendo a troca mútua de informação. Finalmente, as redes podem equilibrar assimetrias de poder por meio de canais adicionais de influência que se encontram acima das estruturas formais[64].

Em resumo, em um ambiente cada vez mais dinâmico e complexo, onde a coordenação hierárquica é difícil, quando não im-

63 F. W. Scharpf, Politiknetzwerke als Steuerungssubjekte, em H.-U. Derlien et al. (eds.), *Systemrationalität und Partialinteresse, Festschrift für Renate Mayntz*, p 381-407.
64 A. Benz, Mehrebenen-Verflechtung: Verhandlungsprozesse in verbundenen Entscheidungsarenen, em A. Benz et al (eds.), op. cit.

possível, e onde o potencial de desregulamentação é limitado por causa dos problemas de falha de mercado, o aumento do grau de governança se torna factível apenas no contexto das redes políticas, proporcionando um quadro para a coordenação horizontal eficiente entre os interesses e as ações de atores corporativos públicos e privados, mutuamente dependentes de seus recursos[65].

Figura 1: A evolução de redes de políticas como uma nova forma de governança.

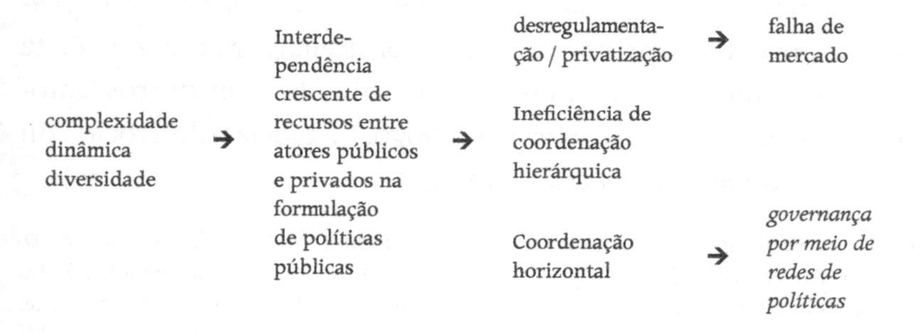

Entretanto, as redes não constituem solução definitiva para problemas de tomada de decisão em sistemas de barganha. Por serem autodinâmicas, as redes freqüentemente se transformam em arenas "quase institucionais" com sua própria estrutura de conflitos e problemas de coordenação[66]. Além disso, redes de políticas tendem a ser muito resistentes a mudanças[67]. Finalmente, redes de políticas muitas vezes não estão sujeitas

65 P. Kenis; V. Schneider, op. cit.; R. Mayntz, Modernization and the Logic of Interorganizational Networks, em J. Child et al. (eds.), *Societal Change Between Market and Organization*; F. W. Scharpf, Political Institutions, Decision Styles, and Policy Choices, em R. M. Czada; A. Windhoff-Héritier (eds.), op. cit.

66 A. Benz, Politiknetzwerke in der horizontalen Politikverflechtung, em D. Jansen; K. Schubert (eds.), op. cit.

67 G. Lehmbruch, The Organization of Society, Administrative Strategies, and Policy Networks, em R. M. Czada e A. Windhoff-Héritier (eds.), op. cit.

ao controle democrático e conseqüentemente ficam sem legitimidade[68]. Portanto, as próprias redes criam um dilema: por um lado, elas desempenham funções necessárias para superar as deficiências de sistemas de barganha; por outro, contudo, elas não podem substituir completamente as instituições formais por causa das suas próprias deficiências[69].

Deveria estar claro que o conceito de redes de políticas, como uma forma específica de governança, não propicia uma teoria adequada. Para explicar o fenômeno das redes de políticas como um novo modo de governança, a escola Max-Planck usa elementos do chamado *institucionalismo centrado no agente,* desenvolvido principalmente por Renate Mayntz e Fritz Scharp[70], que é freqüentemente combinado com outros enfoques teóricos como a teoria dos jogos[71], teorias de troca[72] ou teoria de dependência em recursos[73].

68 A. Benz, Politiknetzwerke in der horizontalen Politikverflechtung, em D. Jansen; K. Schubert (eds.), op. cit.; F. W. Scharpf, Versuch über die Demokratie im verhandelnden Staat, em R. M. Czada; M. G. Schmidt (eds.), *Verhandlungsdemokratie, Interessenvermittlung, Regierbarkeit. Festschrift für Gerhard Lehmbruch*. Para as redes como uma oportunidade de legitimizar um sistema político, ver M. Jachtenfuchs; B. Kohler-Koch, Einleitung: Regieren im dynamischen Mehrebenensystem, em M. Jachtenfuchs; B. Kohler-Koch (eds.), *Europläische Integration*, p. 39.

69 De acordo com Benz, este dilema ou "paradoxo de estruturas interorganizacionais", não pode ser totalmente superado. Redes e instituições formam um contexto estrutural dinâmico no qual a política precisa operar de maneira flexível. Os atores lidam melhor com essa situação se agirem "paradoxalmente", isto é, "como se o que foi obtido não é o que se pretendia obter", A. Benz, Politiknetzwerke in der horizontalen Politikverflechtung, em D. Jansen; K. Schubert (eds.), op. cit., p. 204.

70 R. Mayntz; F. W. Scharpf, Der Ansatz des akteurszentrierten Institutionalismus, em R. Mayntz; F. W. Scharpf (eds.), *Gesellschaftliche Selbstregulierung und politische Steuerung.*

71 F. W. Scharpf, Koordination durch Verhandlungssysteme:..., em A. Benz et al (eds.), op. cit.; Einführung: zur Theorie von Verhandlungssystemen; A. Héritier (ed.), op. cit., Positive und negative Koordination in Verhandlungssystemen; R. Zintl, Kooperation und Aufteileng des Kooperation..., em A. Benz et al (eds.), op. cit.

72 B. Marin, Generalized Political Exchange..., em B. Marin (ed.), op. cit.

73 R. Mayntz, Policy-Netzwerke und die Logik von Verhandlungssystemen, em A. Héritier (ed.), op. cit. e Modernization and the Logic of Interorganizational Networks, em J. Child et al. (eds.). op. cit.; P. Kenis; V. Schneider, op. cit.

O institucionalismo centrado no agente combina pressupostos de escolha racional e institucionalismo. As instituições são vistas como estruturas reguladoras que criam oportunidades e restrições a agentes racionais que procuram maximizar suas preferências[74]. Uma função central das instituições é superar problemas da ação coletiva por meio de restrições ao comportamento egoísta e oportunidade[75].

As redes são vistas, então, como instituições informais – relações relativas e permanentes, não organizadas formalmente, recíprocas (não-hierárquicas), entre atores que procuram obter ganhos coletivos[76]. As redes são baseadas em regras de consenso para a obtenção de um resultado comum. Elas reduzem os custos de transação e da informação e criam confiança mútua entre os atores, diminuindo a incerteza e assim o risco de defecção[77]. Por causa dessas funções, as redes servem como um arcabouço institucional ideal para a auto-coordenação horizontal entre os atores públicos e privados, no qual a formulação de políticas se ampara num ambiente cada vez mais complexo, dinâmico e diversificado, onde a coordenação hierárquica não pode funcionar[78]. Agentes públicos e privados formam redes para compartilhar recursos nos quais eles são

74 R. Mayntz; F. W. Scharpf, Der Ansatz des akteurszentrierten Institutionalismus, em R. Mayntz; F. W. Scharpf (eds.), op. cit.

75 B. Marin, Generalized Political Exchange..., em B. Marin (ed.), op. cit.; F. W. Scharpf, Koordination durch Verhandlungssysteme..., em A. Benz et al (eds.), op. cit.; R. Zintl, Kooperation und Aufteilung des Kooperation..., em A. Benz et al (eds.), op. cit.

76 F. W. Scharpf, Positive und negative Koordination in Verhandlungssystemen, em A. Héritier (ed.), op. cit., p. 72.

77 F. W. Scharpf, Koordination durch Verhandlungssysteme..., em A. Benz et al (eds.), op. cit.

78 Para uma tentativa de formular uma abordagem sofisticada teoricamente para explicar a emergência das redes de políticas como uma forma de governança moderna sob condições de complexidade, dinâmica e diversidade, ver Jan Kooiman, Social-political Governance..., op. cit.

mutuamente dependentes para a obtenção de ganhos comuns (políticas)[79].

No entanto, estudos sobre redes de políticas públicas estão surgindo como desafio ao enfoque racionalista-institucionalista da escola Max-Planck por meio do uso de *enfoques cognitivos* como teorias de aprendizagem ou ação comunicativa. O ponto de partida é uma crítica à escola Max-Planck por esta negligenciar o papel do conhecimento consensual, idéias, crenças e valores no estudo de redes[80]. Defende-se a idéia que redes de políticas públicas são meramente baseadas no objetivo comum de produzir alguns resultados de políticas que permitem aos agentes atingir seus interesses próprios. Os membros de uma rede compartilham conhecimento consensual e idéias e valores coletivos, um sistema específico de crenças, ou seja, "um conjunto de valores fundamentais, crenças causais e percepção de problemas"[81]. Essas "coalizões de advocacia"[82] ou "coalizões de discurso"[83] são formadas para influenciar resultados de políticas de acordo com o sistema de crenças compartilhado coletivamente por seus membros. Ao buscar seus objetivos, coalizões de advocacia e discurso não procuram barganhar estrategicamente, mas usam

79 B. Marin, Generalized Political Exchange..., em B. Marin (ed.), op. cit.; P. Kenis; V. Schneider, op. cit.; R. Mayntz, Policy-Netzwerke und die Logik von Verhandlungssystemen, em A. Héritier (ed.), op. cit.; e Modernization and the Logic of Interorganizational Networks, em J. Child et al. (eds.), *Societal Change Between Market and Organization*; R. A. W. Rhodes, *Beyond Westminster and Whitehall*; e *Understanding Governance*: policy networks, governance, reflexivity and accountability.

80 P. A. Sabatier, Advocacy-Koalitionen, Policy-Wandel and Policy-Lernen: Eine Alternative zur Phasenheuristik, em A. Héritier (ed.), op. cit., p. 116-148; G. Majone, Wann ist Policy-Deliberation wichtig?, em A. Héritier (ed.), op. cit., p. 97-115; O. Singer, Policy Communities and Diskurs-Koalitionen: Experten und Expertise in der Wirtschaftspolitik, em A. Héritier (ed.), op. cit., p. 149-174.

81 P. A. Sabatier, Advocacy-Koalitionen, Policy-Wandel and Policy-Lernen..., em A. Héritier (ed.), op. cit., p. 127.

82 Idem.

83 O. Singer, Policy Communities and Diskurs-Koalitionen..., em A. Héritier (ed.), op. cit.

processos de ação comunicativa com a deliberação de políticas[84] ou mudança de políticas através da aprendizagem, isto é, uma mudança no sistema de crenças das coalizões de advocacia (não somente no comportamento dos agentes como resultado de restrições externas ou a convergência de seus interesses fixados exogenamente)[85].

Em suma, existe um número crescente de trabalhos sobre redes de políticas que reconhece o poder de explicação de idéias, crenças, valores e conhecimento consensual no estudo de redes. Porém, a crítica aos enfoques racionalistas-institucionalistas negligencia um ponto fundamental: idéias, crenças, valores, identidade e confiança não são apenas importantes em redes de políticas; esses elementos são *constitutivos* da lógica de interação entre os membros de uma rede. Estudiosos como Scharpf e Arthur Benz estão absolutamente corretos ao argumentar que as redes de políticas oferecem uma solução para problemas de ação coletiva ao permitir ações não estratégicas baseadas em comunicação e confiança mútua. Comunicação e confiança tornam as redes de políticas distintas de outras formas de coordenação não-hierárquica e as tornam mais eficientes do que as outras. Mas o reconhecimento da relevância da confiança e da ação comunicativa (solução de problemas, deliberação, argumentação) pela escola racional-institucionalista começa a contradizer os pressupostos básicos da sua teoria; que atores racionais sempre lutam para maximizar o seu interesse dado exogenamente. A capacidade das redes de políticas para superar problemas relacionados à ação coletiva só pode ser le-

84 G. Majone, Wann ist Policy-Deliberation wichting?, em A. Héritier (ed.), op. cit.

85 Sabatier, no entanto, indica que a aprendizagem de políticas ocorre mais provavelmente como conseqüência de choque externo do que em função de processos de ação comunicativa. Cf. P. A. Sabatier, Advocacy-Koalitionen, Policy-Wandel and Policy-Lernen..., em A. Héritier (ed.), op. cit., p. 122-126.

vada em conta quando as preferências e interesses dos atores são endogeneizados, isto é, deixam de ser tomados como dados e fixos, e o papel de idéias compartilhadas, valores, identidades e confiança mútua na formação e na mudança desses interesses e preferências é incorporado – algo que não pode ser feito no arcabouço racional-institucionalista[86].

A última parte deste artigo introduziu diferentes conceitos de redes de políticas encontrados na literatura, organizando-os em três dimensões que estão resumidas na figura 2.

Figura 2: Conceitos de redes de políticas

	Conceito quantitativo de redes	Conceito qualitativo de redes
	Escola de Intermediação de Interesses	*Escola de Governança*
Redes de políticas como ferramenta analítica	Redes de políticas como uma tipologia das relações estado / sociedade	Redes de políticas como um modelo para analisar formas não-hierárquicas de interações entre atores públicos e privados na formulação de políticas
Redes de políticas como abordagem teórica	Estrutura de redes de políticas como determinante do processo e dos resultados das políticas	Redes de políticas como uma forma específica de governança

86 Para o problema geral que as abordagens de escolha racional enfrentam para considerar os processos de ação comunicativa em instituições formais e informais, ver H. Müller, Internationale Beziehungen als kommunikatives Handeln: zur Kritik der utilitaristischen Handlungstheorien, *Zeitschrift für internationale Beziehungen*, 1, 1, p. 15-44.

Conclusão: Além de um Ferramental Analítico?

É novo, é diferente, é atraente, COMPRE AGORA[87].

Este artigo tem o objetivo de dar uma visão geral do estado-da-arte da literatura sobre redes de políticas. Para esclarecer a variedade de conceitos e aplicações de redes de políticas, o artigo organizou os diferentes trabalhos em duas "escolas" diferentes: a predominantemente anglo-saxônica, escola de intermediação de interesses, que trata as redes de políticas como uma tipologia de intermediação de interesses, e a escola alemã de "governança", que concebe as redes de políticas como uma forma de governança, ou estrutura de gestão alternativa à hierarquia e ao mercado. A concepção de governança em redes de políticas só apareceu recentemente na literatura anglo-saxônica[88]. Este descaso é lamentável, pois a concepção de governança pode oferecer uma abordagem com maior solidez teórica[89].

As redes de políticas têm sido intensamente criticadas na literatura[90]. Uma das críticas principais é que as redes de políticas

87 P. Le Gales, Introduction: les réseaux d'action..., em P. les Gales e M. Tatchter (eds.), op. cit.

88 R. A. W. Rhodes, *Understanding Governance*: policy networks, governance, reflexivity and accountability.

89 Idem, p. 159.

90 R. A. W. Rhodes, Power Dependence Theories of Central-local Relations: a critical reassessment, em M. J. Goldsmith (ed.), *New Research in Central-local Relations*, p. 1-33; M. Atkinson; W. D. Coleman, Policy Networks, Policy Communities and Problems of Governance, *Governance*, 5, 2, p. 154-180; D. Marsh; R. A. W. Rhodes, Policy Communities and issue Networks..., em D. Marsh; R. A. W. Rhodes (eds.), op. cit.; W. Schumann, Die EG als neuer Anwendungsbereich für die Policy Analyse: Möglichkeiten und Perspektiven der konzeptionellen Weiterentwicklung, em A. Héritier (ed.) op. cit., p. 394-431; M. J. Smith, *Pressure Power and Policy:* state autonomy and policy networks in Britain and the United States; K. Dowding, Policy

não oferecem poder explanatório. A incapacidade da escola para intermediar interesses de formular hipóteses, que ligam sistematicamente a natureza de uma rede de políticas com o caráter e os resultados do processo de formulação de políticas, aparentemente confirma a visão de que redes de políticas não são nem mais nem menos do que um ferramental útil para analisar políticas públicas.

Porém, existe um número crescente de trabalhos empíricos, especialmente no campo de formulação de políticas na Europa, que demonstra, de forma convincente, a proliferação de redes de políticas, nas quais os diversos atores envolvidos na formulação e implementação de políticas coordenam seus interesses por meio de negociação não-hierárquica[91]. Diferentemente de outras teorias

Networks: don't stretch a good idea too far, em P. Dunleavy; J. Stanyer (eds). *Contemporary Political Studies*, p. 59-78; e Model of metaphor? A critical review of the policy network approach, *Political Studies*, XLIII, p. 136-158; M. Mills; M. Saward, All Very Well in Practice, but what About the Theory? A critique of the british idea of policy networks, *Contemporary Political Studies*, 1, p. 79-92; H. Bressers; L. J. O'Toole Jr., Networks and Water Policy: conclusions and implications for research, em H. Bressers et al. (eds.), op. cit. p. 197-217; M. Thatcher, les réseaux de politique publique: Bilan d'un sceptique; R. A. W. Rhodes et al., Policy Networks and Policy Making in the European Union: a critical appraisal, em L. Hooghe (ed.), *Cohesion Policy and European Integration:* building multi-level governance.

91 Isto não implica que a governança européia é baseada exclusivamente em barganha não-hierárquica em redes de políticas multi-níveis. A coordenação hierárquica e a desregulamentação ainda desempenham um papel importante tanto na formulação de políticas nacionais como européias. O que se argumenta é que as redes de políticas estão se tornando um aspecto cada vez mais importante da governança européia, em função do seu potencial para aumentar a eficiência e legitimidade da formulação de políticas públicas. Ver, por exemplo, J. Peterson, The European Technology Community..., em D. Marsh e R. A. W. Rhodes (eds.), op. cit.; G. Marks, Structural Policy in the European Community, em A. Sbragia (ed.), *Europolitics*; e Structural Policy and Multilevel Governance in the European Community, em A. Cafruny; G. Rosenthal (eds.), *The State of the European Community II*: the Maastricht debates and beyond; P. McAleavey, The Politics of European Regional Development Policy: additionality in the Scottish coalfields, *Regional Polities and Policy*, 3, 2, p. 88-107; E. Grande, Vom Nationalstaat zur europäischen Politikverflechtung..., op. cit.; A. Héritier et al., *Ringing the Changes in Europe*: regulatory competition and the redefining of the state: Britain, France, Germany; H. Bressers et al., Networks for

que compartilham uma concepção de governança estado-cêntrica, baseada numa única autoridade nacional de coordenação hierárquica na criação de políticas públicas, o conceito de redes de políticas é capaz de conceituar a emergência de estruturas políticas que são caracterizadas por "governar sem governo"[92].

Mas as redes de políticas não só fornecem uma ferramenta analítica para traçar e descrever tais mudanças em direção à "governança sem governo"[93]. Embutida num arcabouço "metateórico", como a teoria de dependência de recursos, teoria dos jogos ou teoria da ação comunicativa, uma abordagem de redes de políticas também pode fornecer explicações para a proliferação de coordenação não-hierárquica em redes de políticas. Como foi demonstrado pela escola Max-Planck e outros, a coordenação hierárquica (hierarquia) e a desregulamentação (mercado) padecem cada vez mais de problemas de legitimidade num contexto complexo e dinâmico de formulação de políticas públicas. As redes de políticas se oferecem como solução para esses problemas porque elas não só conseguem agrupar recursos dispersos para as políticas, mas também propiciam a inclusão de uma ampla variedade de atores diferentes. O que as torna especiais é que as redes de políticas fornecem uma estrutura de gestão que facilita a realização de ganhos coletivos entre agentes motivados por interesses próprios, que buscam

Water Policy: a comparative perspective, em H. Bressers (ed.), op. cit.; V. Schneider et al., Corporate Actor Network in European Policy-making: harmonizing telecommunications policy, *Journal of Common Market Studies*, 32, 4, p. 473-498; R. A. W. Rhodes, *Understanding Governance:* policy networks, governance, reflexivity and accountability; M. E. Smyrl, From Regional Policy Communities to European Networks: inter-regional divergence in the implementation of EC regional policy in France.

92 R. A. W. Rhodes, *Understanding Governance:* policy networks, governance, reflexivity and accountability.

93 J. Rosenau, Governance, Order, and Change in World Polities, em J. N. Rosenau; E.-O. Czempiel (eds.), *Governance* Without *Government*: order and change in world politics, p. 1-29.

maximizar seus ganhos individuais. Mas é importante observar que redes de políticas podem ter o efeito totalmente oposto. Elas podem inibir mudanças nas políticas[94], excluir certos atores do processo de formulação de políticas[95] e estão longe de ser democraticamente *accountable*[96]. A escola Max-Planck colocou uma série de proposições sobre como organizar a coordenação não-hierárquica em redes de políticas para poder evitar auto-imobilismo e outras ineficiências estruturais. Porém, a legitimidade das redes de políticas continua a ser um problema central em sistemas políticos que se baseiam no princípio de *accountability* democrática. Para concluir, uma abordagem de redes de políticas com ambição teórica encontra dois grandes desafios. Primeiro, ainda precisa ser demonstrado que as redes de políticas não só *existem* na formulação de políticas nacionais e européias, mas também são *relevantes* para o processo e para os resultados das políticas, por exemplo, se melhoram ou reduzem a eficiência e a legitimidade da formulação de políticas. Segundo, após alcançar a demonstração empírica de que as redes de políticas de fato fazem diferença, a questão da ambigüidade das redes de políticas precisa ser enfrentada, ou seja, a especificação das condições sob as quais as redes de políticas podem aperfeiçoar a eficiência e legitimidade da formulação de políticas, e sob as quais podem produzir o efeito contrário. Se as duas escolas juntassem forças para enfrentar esses dois grandes desafios, seria possível produzir uma nova e interessante agenda para o estudo de redes de políticas.

94 G. Lehmbruch, The Organization of Society, Administrative Strategies, and Policy Networks, em R. M. Czada; A. Windhoff-Héritier (eds.), op. cit..

95 A. Benz, Politiknetzwerke in der horizontalen Politikverflechtung, em D. Jansen and K. Schubert (eds.), op. cit.

96 R. A. W. Rhodes, *Understanding Governance*: policy networks, governance, reflexivity and accountability.

Agradecimentos

Por comentários em versões prévias deste artigo, a autora agradece a James Caporaso, Thomas Christiansen, Thomas Diez, Adrienne Héritier, Markus Jachtenfuchs, Peter Katzenstein, Patrick Le Galès, Yves Mény, R.A.W. Rhodes, Thomas Risse, Wayne Sandholtz, Pascal Sciarini e Cornelia Ulbert.

Referências Bibliográficas

ATKINSON, Michael; COLEMAN William D. Strong States and Weak States: sectoral policy networks in advanced capitalist economies'. *British Journal of Political Science* 14, 1, 1989.

_____. Policy Networks, Policy Communities and the Problems of Governance. *Governance* 5, 2, 1992.

BENSON, Kenneth J. A Framework for Policy Analysis. In: ROGERS, D.; WHITTEN, D. and Associates (eds.). *Interorganizational Co-ordination*: theory, research and implementation. Ames, Iowa: Iowa State University Press, 1982.

BENZ, Arthur. Mehrebenen-Verflechtung: Verhandlungsprozesse in verbundenen Entscheidungsarenen. In: BENZ, A; SCHARPF, F. W.; ZINTL, R. (eds.). *Horizontale Politikverflechtung.*

_____. Politiknetzwerke in der horizontalen Politikverflechtung. In: JANSEN, D.; SCHUBERT, K. (eds.), *Netzwerke und Politikproduktion*. Konzepte, Methoden, Perspektiven. Marburg: Schuren, 1995.

_____; SCHARPF, Fritz W.; ZINTL, Reinhard (eds.). *Horizontale Politikverflechtung:* zur Theorie von Verhandlungssystemen. Frankfurt a.M./New York: Campus, 1992

BRESSERS, Hans; O'TOOLE Jr., Laurence J.; RICHARDSON, Jeremy (eds). Networks for Water Policy: a comparative perspective. *Environmental Politics*, 3, 4, 1994 (special issue).

_____; O'TOOLE Jr, Laurence J. Networks and Water Policy: conclusions and implications for research. In: BRESSERS, H.; O'TOOLE, L. J.; RICHARDSON, J. (eds.). *Environmental Politics*, 3, 4, 1994 (special issue).

BURLEY, Anne-Marie; MATTLI, Walter. Europe Before the Court: a política theory of legal integration. *International Organization*, 47, 1, 1993.

CALLON, Michel. The Sociology of an Actor-Network: the case of electric vehicle. In: CALLON, Michel; LAW, H.; RIP, A. (eds.). *Mapping the Dynamics of Science and Technology*: sociology of science in the real world. Houndsmills: Macmillan, 1986.

CZADA, R. M.; WINDHOFF- HÉRITIER, Adrienne (eds.). *Political Choice, Institutions, Rules and the Limits of Rationality*. Frankfurt a M: Campus, 1991.

DOWDING, Keith. Policy Networks: don't stretch a good idea too far. In: DUNLEAVY, Patrick; STANYER, Jeffrey (eds). *Contemporary Political Studies*. Belfast: Political Science Association, 1994.

______. Model of Metaphor? A critical review of the policy network approach. *Political Studies* XLIII, 1995.

GRANDE, Edgar. Vom Nationalstaat zur europaischen Politikverflechtung: Expansion und Transformation modemer Staatlichkeit –untersucht am Beispiel der Forschungs- und Technologiepolitik. *Habilitationsschrift zur Erlangung einer venie legendi in Politischer Wissenschaft und Verwaltungswissenschaft*, Universität Konstanz, Mafi'z, 1994.

HAAS, Peter M. Introduction: epistemic communities and international policy coordination. *International Organization* 46, 1, 1992.

HANF, Kenneth; O'TOOLE Jr., Laurence J. Revisiting Old Friends: networks, implementation structures and the management of inter-organisational relations. In: JORDAN, G.; SCHUBERT, K. (eds.) *European Journal of Political Research*, 21, 1-2, 1992 (special issue).

HASENTEUFEL, Patrick. Do Policy Networks Matter? Lifting descriptif et analyse de l'Etat en interaction. In: LE GALÈS, Patrick; THATCHER, Mark (eds.) *Les réseaux de politique publique:* Déhat autour des policy networks. Paris: L'Harmattan, 1995.

HECLO, Hugh. Issue Networks and the Executive Establishment. In: KING, A. (ed.). *The New American Political System*. Washington DC: American Enterprise Institute, 1978.

HÉRITIER, Adrienne (ed.). *Policy-Analyse, Kritik und Neuorientierung*. PVS Sonderheft 24. Opiaden: Westdeutscher Verlag, 1993.

______; KNILL, Christoph; MINGERS, Susanne. *Ringing the Changes in Europe:* regulatory competition and the redefining of the state: Britain, France, Germany. Berlin: New York: de Gruyter, 1996.

JACHTENFUCHS, Markus; KOHLER-KOCH, Beate. Einleitung: Regieren im dynamischen Mehrebenensystem, In: JACHTENFUCHS, M.; KOHLER-KOCH, B. (eds.). *Europlälsche Integration*. Opiaden: Leske/Budrich, 1996.

JORDAN, Grant. Sub-government, Policy Communities and Networks. Refilling the old bottles?. *Journal of Theoretical Politics*, 2, 3, 1990.

______; RICHARDSON, Jeremy J. Policy Communities: the british and european style. *Policy Studies Journal* 11, 1983.

______; SCHUBERT, Klaus (eds.). *European Journal of Political Research* 21, 1-2, 1992 (special issue).

______; SCHUBERT, Klaus. A Preliminary Ordering of Policy Network Labeling. In: JORDAN, Grant; SCHUBERT, Klaus (eds.). *European Journal of Political Research.*

______; SCHUBERT, Klaus. Policy Networks. In: JORDAN, G.; SCHUBERT, K. (eds.). *European Journal of Political Research.*

JOUVE, Bernard. Réseaux et communautes de politique publique en action. In: LE GALÈS, Patrick; THATCHER, Mark (eds.). *Les réseaux de politique publique.*

KASSIM, Hans. Policy Networks, Networks and European Union Policy-making: a sceptical view. *West European Politics,* 17, 4, p. 15-27, 1994.

KATZ, Michael L.; SHAPIRO, Carl. Network Externalities, Competition, and Compatibility. *American Economic Reviezv,* 75, 3, 1985.

KATZENSTEIN, Peter J. (ed.). *Between Power and Plenty:* foreign economic policies of advanced industrial states. Madison: University of Wisconsin Press, 1978.

KENIS, Patrick; SCHNEIDER, Volker. Policy Networks and Policy Analysis: scrutinizing a new analytical toolbox". In: MARIN, B.; MAYNTZ, R. (eds.). *Policy Network.*

KNOKE, David. *Political Networks*: The structured perspective. Cambridge: Cambridge University Press, 1990.

KOOIMAN, Jan. Social-políticoal Governance: introduction, In: KOOIMAN, J. (ed). *Modern Governance. New Government*: Society Interactions. London: Sage, 1993.

KRIESI, Hanspeter. *Les démocraties occidentales*: una approche comparée. Paris: Economica, 1994.

LAUMANN, Edward O.; KNOKE, David. *The Organizational State*: social in national policy domains. Madison: University of Wisconsin Press, 1987.

LAUMANN, Edward O.; PAPPI, Franz Urban. *Networks of Collective Action*: a perspective on community influence systems. New York: Academic Press, 1976.

LE GALÈS, Patrick. Introduction: les réseaux d'action publique entre outil passe-partout et theorie de moyenne portée, In: LE GALÈS, Patrick; THATCHER, Mark (eds.). *Les réseaux de politique publique.*

______; THATCHER, Mark (eds.). *Les réseaux de politique publique*: déhat autor des policy networks. Paris: L'Harmattan, 1995.

LEHMBRUCH, Gerhard. Liberal Corporatism and Party Government. In: SCHMITTER, P. C.; LEHMBRUCH, G. (eds.) *Trends Towards Corporatist Intermediation.* Beverly Hills/London: Sage, 1979.

______. The Organization of Society, administrative strategies, and policy networks. In: CZADA, R. M.; WINDHOFF-HÉRITIER, A. (eds.). *Political Choice, Institutions, Rules and the Limits of Rationality.*

MAJONE, Giandomenico. Wann ist Policy-Deliberation Wichtig?. In: HÉRITIER, A. (ed.). *Policy-Analyse, KritiOk und Neuorientierung.*

MARIN, Bernd (ed.). *General Political Exchange*: antagonistic cooperation and integrated policy circuits. Frankfurt aM.: Campus, 1990.

______. Generalized Political Exchange. Preliminary considerations. In: MARIN, B. (ed.). *General Political Exchange.*

______; MAYNTZ, Renate (eds.). *Policy Network:* empirical evidence and theoretical considerations. Frankfurt aM: Campus Verlag, 1991.

______. Introduction: studying policy networks. In: MARIN, B.; MAYNTZ, R. (eds.). *Policy Network.*

MARKS, Gary. Structural Policy in the European Community. In: SBRAGIA, A. (ed.). *Europolitics*: institutions and policymaking in the new European Community. Washington: Brookings Institution, 1992.

______. Structural Policy and Multilevel Governance in the European Community. In: CAFRUNY, A.; ROSENTHAL, G. (eds.). *The State of the European Community II*: the Maastricht debates and beyond. Boulder: Lynne Rienner, 1993.

MARSH, David; Rhodes, R. A. W. Policy Communities and Issue Networks: beyond typology. In: MARSH, D.; RHODES, R. A. W. (eds.). *Policy Networks in British Government*. Oxford: Clarendon Press, 1992.

MAYNTZ, Renate (ed.). *Implementation politischer Programme II*: ansatze zur theoriebildung. Konigstein Ts: Verlagsgruppe Athenaum, 1983.

______. Policy-Netzwerke und die Logik von Verhandlungssystemen. In: HÉRITIER, Adrienne. *Policy-Analyse, Kritik und Neuorientierung*.

______. Modernization and the Logic of Interorganizational Networks. In: CHILD, J.; CROZIER, M.: MAYNTZ, R. (eds.). *Societal Change Between Market and Organization*. Aldershot: Avebury, 1993.

MAYNTZ, Renate; SCHARPF, Fritz W. Der Ansatz des akteurszentrierten Institutionalismus. In: MAYNTZ, R.; SCHARPF, F. W. (eds.). *Gesellschaftliche Selbstregulierung und politische Steuerung*. Frankfurt/New York: Campus, 1995.

MAZEY, Sonia; RICHARDSON, Jeremy J. (eds.). *Lobbying in the European Union*. Oxford: Oxford University Press, 1993.

MCALEAVEY, Paul. The Politics of European Regional Development Policy: additionality in the Scottish coalfields". *Regional Polities and Policy* 3, 2, 1993.

MILLS, Mike; SAWARD, Michael. All Very Well in Practice, But What About the Theory? A critique of the British idea of policy networks. *Contemporary Political Studies* 1. Belfast: Political Science Association, 1994.

MÜLLER, Harald. Internationale Beziehungen als kommunikatives Handein: zur Kritik der utilitaristischen Handlungstheorien. *Zeitschrift für internationale Beziehungen* 1,1, 1994.

PAPPI, Franz Urban. Policy-Netzwerke: Erscheinungsform moderner Politiksteuerung oder methodischer Ansatz?. In: HÉRITIER, Adrienne (ed.). *Policy-Analyse, Kritik und Neuorientierung*.

PAPPI, Franz Urban; KNOKE David Knoke. Political Exchange in the German and American Labor Policy Domain". In: MARIN, B.; MAYNTZ, R. (eds.) *Policy Network*.

PETERS, B. Guy. Bureaucratic Politics and the Institutions of the European Community. In: SBRAGIA, A. (ed.) *Europolitics*: institutions and policymaking in the new European Community. Washington: Brookings Institution, 1992.

PETERSON, John. The European Technology Community: policy networks in a supranational setting. In: MARSH D.; RHODES, R. A. W. (eds.) *Policy Netiworks in British Government*. Oxford: Clarendon Press, 1992.

POWELL, Walter W. Neither Market nor Hierarchy: network forms of organization. *Research in Organisational Behaviour* 12, 1990.

RHODES, R.A.W. *European Policy-making, Implementation and Sub-central Governments*. Maastricht: European Institute of Public Administration, 1986.

______. *The National World of Local Government*. London: Allen and Unwin, 1986.

______. Power Dependence Theories of Central-local Relations: a critical reassessment. In: GOLDSMITH, M. J. (ed.). *New Research in Central-local Relations*. Aldershot: Gower, 1986.

______. *Beyond Westminster and Whitehall*. London: Unwin Hyman, 1988.

______. Policy Networks: a British Perspective. *Journal of Theoretical Politics*, 2, 3, 1990.

______. *Understanding governance*: policy networks, governance, reflexivity and accountability. Buckingham and Philadelphia: Open University Press, 1997.

______; BACHE, Ian; GEORGE, Stephen. Policy Networks and Policy Making in the European Union: a critical appraisal. In: HOOGHE, L. (ed.), *Cohesion Policy and European Integration*: building multi-level governance. Oxford: Oxford University Press, 1996.

______; MARSH, David. Policy Network in British Polities. In: MARSH, D.; RHODES, R. A. W. (eds.). *Policy Networks in British Government*. Oxford: Clarendon Press, 1992.

ROSENAU, James. Governance, Order, and Change in World Polities. In: ROSENAU, J. N.; CZEMPIEL, E. -O. (eds.). *Governance Without Government*: order and change in world politics. Cambridge: Cambridge University Press, 1992.

SABATIER, Paul A. Advocacy-Koalitionen, Policy-Wandel and Policy-Lernen: eine Alternative zur Phasenheuristik. In: HÉRITIER, A. (ed.). *Policy-Analyse, Kritik und Neuorientierung*.

SCHARPF, Fritz W. Polítical Institutions, Decision Styles, and Policy Choices. In: CZADA, R. M.; WINDHOFF-HÉRITIER, Adrienne (eds.). *Political Choice, Institutions, Rules and the Limits of Rationality*.

______. Koordination durch Verhandlungssysteme: Anaiytische Konzepte und institutionelle Losungen. In: BENZ, A.; SCHARPF, F. A.; ZINTL, R. (eds.) *Horizontale Politikverflechtung*.

______. Einführung: zur Theorie von Verhandlungssystemen. In: BENZ, A.; SCHARPF, F. W.; ZINTL, R. (eds.) *Horizontale Politikverflechtung*.

______. Positive und negative Koordination in Verhandlungssystemen. In: HÉRITIER, Adrienne (ed.) *Policy-Analyse, Kritik und Neuorientierung*.

______. Versuch über die Demokratie im verhandelnden Staat. In: CZADA, R. M.; SCHMIDT, M. G. (eds.), *Verhandlungsdemokratie, Interessenvermittlung, Regierbarkeit*: Festschrift fiir Gerhard Lehmbruch. Opladen: Westdeutscher Verlag, 1993.

______. Politiknetzwerke als Steuerungssubjekte. In: DERLIEN, H. -U; GERHARDT, U.; SCHARPF, F. W. (eds.). *Systemrationalität und Partialinteresse, Festschrift für Renüte Mayntz*. Baden-Baden: Nomos, 1994

SCHMITTER, Philippe C. Still the Century of Corporatism?, *Revieiu of Politics* 36, 1974.

______; LEHMBRUCH, Gerhard (eds.). *Trends Towards Corporatist Intermediation*. Beverly Hills/London: Sage, 1999

SCHNEIDER, Volker. *Politiknetzwerke der Chemikalienkontrolle*: eine Analyse einer transnationalen Politikentwicklung. Berlin: de Gruyter, 1988.

______; DANG-NGUYEN, Godefroy; WERLE, Raymund. Corporate Actor Network in European Policy-making: harmonizing telecommunications policy. *Journal of Common Market Studies* 32, 4, 1994.

SCHUBERT, Klaus; JORDAN, Jordan. Introduction. In: JORDAN, G.; SCHUBERT, K. (eds.). *European Journal of Political Research*, 21, 1-2. 1992 (special issue).

SCHUMANN, Wolfgang. Die EG als neuer Anwendungsbereich für die Policy Analyse: Möglichkeiten und Perspektiven der konzeptionellen Weiterentwicklung. In: HÉRITIER, Adrienne (ed.). *Policy-Analyse, Kritik und Neuorientierung*.

SCIARINI, Pascal. Elaboration of the Swiss Agricultural Policy for the GATT Negotiations: a network analysis. *Schweizer Zeitschrift fiir Sozioligie* 22, 1, 1996.

SIKKINK, Kathryn. Human Rights, Principle Issue-networks, and Sovereignty in Latin America. *International Organisation* 47, 3, 1993.

SINGER, Otto. Policy Communities and Diskurs-Koalitionen: Experten und Expertise in der Wirtschaftspolitik. In: HÉRITIER, Adrienne (ed.) *Policy-Analyse, Kritik und Neuorientierung*.

SMITH, Martin J. *Pressure Power and Policy*: State autonomy and policy networks in Britain and the United States. Hemel Hempstead: Harvester Wheatsheaf, 1993.

SMYRL, Marc E. From Regional Policy Communities to European Networks: inter-regional divergence in the implementation of EC regional policy in France. EUI Working Paper RSC No. 95/20. Florence: European University Institute, 1995.

THATCHER, Mark. Les réseaux de politique publique: bilan d'un sceptique. In: LE GALES, P. ; THATCHER, M. (eds.). *Les réseaux de politique publique*.

THORELLI, H. B. Networks: between markets and hierarchies. *Strategic Management Journal* 7.

WAARDEN, Frans van. Dimensions and Types of Policy Networks. In: JORDAN, G.; SCHUBERT, K. (eds.). *European Journal of Political Research*, 21, 1992 (special issue).

WELLMAN, Barry. Structural Analysis: from method and metaphor to theory and substance. In: WELLMAN, B.; BERKOWITZ, S. D. (eds.). *Social Structure*: a network approach. Cambridge: Cambridge University Press, 1988.

WILKS, Stephen; WRIGHT, Maurice (eds.). *Comparative Government-industry Relations*: Western Europe, the United States and Japan. Oxford: Clarendon Press, 1987.

WILLIAMSON, Oliver E. *The Economic Institutions of Capitalism*. New York: Free Press, 1985.

WINDHOFF-HÉRITIER, Adrienne. Die Veränderung von Staatsaufgaben aus politikwissenschaftlichinstitutioneller Sicht". In: GRIMM, D. (ed.). *Staatsaufgaben*. Baden-Baden: Nomos, 1994.

ZINTL, Reinhard. Kooperation und Aufteilung des Kooperationsgewinns bei horizontaler Politikverflechtung". In: BENZ, A.; SCHARPF, F. W.; ZINTL, R. (eds.) *Horizontale Politikverflechtung*.

BARRY WELLMAN, um dos mais importantes pesquisadores e autores internacionais sobre redes, é doutor em Sociologia pela Universidade de Harvard e foi pesquisador no IBM's Institute of Knowledge Management. É professor de sociologia na Universidade de Toronto, onde dirige o NetLab e é membro da American Sociological Association.

CARLOS QUANDT, mestre e doutor em Planejamento Urbano e Regional pela Universidade da Califórnia (UCLA-EUA), é professor nos mestrados de Administração e Gestão Urbana da PUC-Paraná.

FÁBIO DUARTE é urbanista e doutor em comunicação pela Universidade de São Paulo. É professor no mestrado em Gestão Urbana da PUC-Paraná. Autor, entre outros, de *Crise das Matrizes Espaciais* (Perspectiva/Fapesp, 2002), *Do Átomo ao Bit* (Annablume, 2003) e *A (Des)construção do Caos* (Perspectiva, 2008).

FRITJOF CAPRA, doutor em física teórica e de sistemas, é diretor-fundador do Center for Ecoliteracy, em Berkeley. Autor de vários livros de sucesso internacional, incluindo *O Tao da Física* (The Tao of Physics, 1975) e *A Teia da Vida* (The Web of Life, 1996).

GILBERTTO PRADO, artista multimídia, doutor em artes e ciências da arte pela Sorbonne (França), é professor da ECA-USP. Entre suas exposições no exterior estão Doppo il Turismo Vienne iI Colonialismo (Centro Lavoro Arte, Milão, 1989); 1ª Bienal de Arte da América Latina (La Grande Arche, Paris, 1999). No Brasil, coordenou exposições e debates sobre arte e tecnologia, como Arte e Tecnologia (MAC/USP, São Paulo, 1995) e Emoção Art.Ficial (Instituto Cultural Itaú, 2004). Autor de Arte Telemática (Instituto Cultural Itaú, 2003).

HAN WOO PARK é professor no Departamento de Comunicação da Universidade YeungNam, Coréia do Sul. Doutor em informática pela State University of New York em Buffalo nos Estados Unidos, trabalhou na Agência Coreana para Oportunidade Digital, e na Academia Real Holandesa (KNAW). Publicou no *Journal of American Society of Information Science and Technology*, *Electronic Journal of Communication*, e NETCOM: *Networks and Communication Studies*.

JEFFREY BOASE é doutor em sociologia na Universidade de Toronto e pesquisador no Knowledge Media Design Institute.

JORGE BRITTO, doutor em Economia da Indústria e da Tecnologia pela Universidade Federal do Rio de Janeiro, é diretor e professor do Departamento de Economia da Universidade Federal Fluminense, e pesquisador da REDESIST- Rede de Pesquisa em Arranjos e Sistemas Inovativos Locais.

KLAUS FREY é mestre e doutor em Ciências Sociais (Políticas Locais e Regionais) pela Universidade Konstanz (Alemanha),

professor do Mestrado em Gestão Urbana da PUC do Paraná, autor de Demokratie und Umweltschutz in Brasilien: Strategien Nachhaltiger Entwicklung in Santos und Curitiba (LIT, 1997).

MIKE THELWALL é doutor em Matemática pela University of Lancaster, UK. Diretor do Grupo de Pesquisa em Estatística Cibermétrica da Universidade de Wolverhampton, Reino Unido, é líder da universidade no Projeto WISER (www.webindicators.org), da União Européia, tendo publicado nos principais periódicos de ciência da informação.

PHILIP VOS FELLMAN, mestre e doutor em Relações Internacionais pela Universidade Cornell (EUA), é professor de Negócios Internacionais na Southern New Hampshire University e professor associado no Belfer Center for Science and International Affairs (Harvard University).

QUEILA SOUZA é doutoranda em Administração na Universidade Federal do Paraná e professora de Comunicação Social na PUC-Paraná. Em 2004, foi finalista da 4ª edição do prêmio nacional de Responsabilidade Social Ethos Valor.

ROXANA WRIGHT é doutora na Universidade Southern New Hampshire University.

TANJA A. BÖRZEL é diretora do Centro de Integração Européia da Universidade Livre de Berlim, professora de política internacional e integração européia, e autora de *Environmental Leaders and Laggards in Europe:* why there is (not) a southern problem (London: Ashgate, 2003).

COLEÇÃO BIG BANG

Arteciência: Afluência de Signos Co-Moventes
Roland de Azeredo Campos.

Breve Lapso entre o Ovo e a Galinha
Mariano Sigman.

Caçando a Realidade: A Luta Pelo Realismo
Mario Bunge

Ctrl+Art+Del: Distúrbios em Arte e Tecnologia
Fábio Oliveira Nunes

Diálogos sobre o Conhecimento
Paul K. Feyerabend

Dicionário de Filosofia
Mario Bunge

Em Torno da Mente
Ana Carolina Guedes Pereira

Estruturas Intelectuais: Ensaio Sobre a Organização Sistemática dos Conceitos
Robert Blanché

Literatura e Matemática
Jacques Fuks

Matéria e Mente: Uma Investigação Filosófica
Mario Bunge

A Mente segundo Dennet
João de Fernandes Teixeira

MetaMat! Em Busca do Ômega
Gregory Chaitin

O Mundo e o Homem: Uma Agenda do Século XXI *à Luz da Ciência*
José Goldemberg

Prematuridade na Descoberta Científica: Sobre Resistência e Negligência

Ernest B. Hook (org.)

O Tempo das Redes
Fábio Duarte, Queila Souza e Carlos Quandt

Uma Nova Física
André Koch Torres Assis.

O Universo Vermelho: Desvios Para o Vermelho, Cosmologia e Ciência Acadêmica
Halton Arp

A Utilidade do Conhecimento
Carlos Vogt

A Teoria Que Não Morreria
Sharon Bertsch Mcgrayne

Este livro foi impresso na cidade de Cotia,
nas oficinas da Meta Brasil, para a Editora Perspectiva.